坚→毅
GRIT

[美]安杰拉·达克沃思（Angela Duckworth）_著
（又名：杜李惠安）

安妮 — 译

中信出版集团·北京

图书在版编目（CIP）数据

坚毅 /（美）安杰拉·达克沃思著；安妮译. -- 北京：中信出版社，2017.6（2025.5重印）
书名原文：Grit: The Power of Passion and Perseverance
ISBN 978-7-5086-7386-8

Ⅰ.①坚… Ⅱ.①安… ②安… Ⅲ.①成功心理—通俗读物 Ⅳ.①B848.4-49

中国版本图书馆CIP数据核字（2017）第059623号

Grit: The Power of Passion and Perseverance
Copyright © 2016 by Angela L. Duckworth
This edition arranged with InkWell Management
through Andrew Nurnberg Associates International Limited
Simplified Chinese translation copyright © 2017 by CITIC Press Corporation
ALL RIGHTS RESERVED
本书仅限中国大陆地区发行销售

坚　毅

著　者：[美] 安杰拉·达克沃思
译　者：安　妮
出版发行：中信出版集团股份有限公司
（北京市朝阳区东三环北路27号嘉铭中心　邮编 100020）
承 印 者：北京通州皇家印刷厂

开　本：787mm×1092mm　1/16　　　印　张：22　　　字　数：250千字
版　次：2017年6月第1版　　　　　　印　次：2025年5月第30次印刷
京权图字：01-2016-3342
书　号：ISBN 978-7-5086-7386-8
定　价：69.00元

版权所有·侵权必究
如有印刷、装订问题，本公司负责调换。
服务热线：400-600-8099
投稿邮箱：author@citicpub.com

致杰森

GRIT
目录

推荐序1　**坚毅：人类全身心发展的一个重要因素**　/ V
推荐序2　**让"坚毅"成为你的习惯**　/ IX
推荐序3　**世界上最难的事儿**　/ XIII

前　言　**我不是个天才**　/ XIX

第一部分

坚毅到底是什么？

第1章　谁能在西点军校的野兽营坚持到底？

/ 003

一个有天赋的人并不一定足够坚毅。决定你是否能够在野兽营坚持到底的关键因素是你的坚毅力。

第 2 章　**不要被天赋误导**

/　019

顶级人物具有三大非凡之处：才能、热情，以及吃苦耐劳的能力。

第 3 章　**卓越是磨炼出来的**

/　043

一个人能取得多大的成就只取决于两件事：天赋和努力，但努力的因素需要被计算两次。

第 4 章　**测测你的坚毅力**

/　063

做你所爱的事，不只是陷入所爱，而是持续地去爱。

第 5 章　**坚毅的品格是遗传的吗？**

/　093

坚毅、天赋，以及其他与成功有关的特质，都受到基因的影响，也受到经验的影响。

第二部分

如何成为一个坚毅的人？

第 6 章　**追随内在的激情就能成功吗？**

/　111

即使是在发展兴趣这件事上，也是需要努力的。

第 7 章　10 000 小时的刻意练习与令人喜悦的心流体验

/ 135

心不在焉地把动作做完，却没有任何提高，这本身就是令人痛苦的。

第 8 章　你从事的工作是不是人生使命的召唤？

/ 163

一个曾经说"我在砌砖"的泥瓦匠，有可能在某一刻意识到自己"正在建造上帝之屋"。

第 9 章　学会如何应对失败比成功更重要

/ 191

跌倒 7 次，第 8 次爬起来！

第三部分

如何让你的孩子更坚毅？

第 10 章　对孩子应该严厉地管教还是无条件地去爱？

/ 223

每位坚毅典范的生命中都会有某个人，在正确的时间以正确的方式，鼓励他们树立更高的人生目标，并给予他们信心和支持。

第 11 章　坚毅的练习场：课外活动

/ 251

在我们的成长过程中，若要将自己的承诺坚持到底，一方面需要我们具备坚毅的品质，另一方面，它也能够让我们更加坚毅。

第 12 章　创造坚毅的文化

/ 273

如果你想成为一个坚毅的人，请加入具有坚毅文化的团队或企业。如果你是一位领导者，想让自己的下属具备坚毅的品格，那么就请你创造一种坚毅的企业文化吧。

结　语　坚毅的力量　/　303
致　谢　/　315
译者后记　成功者的核心素养　/　321

坚毅：人类全身心发展的一个重要因素

2016年6月，我去美国得克萨斯州达拉斯市参加了第一届国际积极教育联盟成立大会，安杰拉·达克沃斯教授作为大会的主讲嘉宾，做了一场激动人心的演讲，主要介绍了她的获奖著作《坚毅》的主要内容以及影响。全场4000多名听众，群情振奋，兴趣盎然。很多教育工作者和与会代表一致认为，坚毅是国际教育届最近几年最重要的一个核心概念。我也很激动，我们清华大学积极心理学研究中心的研究员和心理学博士安妮首次把该书翻译成中文，介绍给广大的中国读者，这也应该算是中国心理学运动和积极教育运动的一个很重要的事件，将产生深远及正面的影响。

安杰拉也是少数我认识的具备坚毅特性的心理学家，她自己的个人经历和学术成就都是通过她的智慧、勤奋和坚韧不拔获得的，我经常在我的教学、研究和日常工作中和同行、学生以及读者和观众介绍该书的内容和安杰拉的工作。坚毅最本质的和极重要的贡献是，它再一次提醒我们，能力可能会误导我们，以为它是我们人生成功最重要的要素。尤其是在中国强调标准化测试和各种能力比较的文化环境里，很多人可能会把能力作为最要的修行和锻炼的目标。积极心理学特别是安杰拉的工作告诉我们，积极的心理品质才是决定一个人成功最重要的要素。但是，我们一定不要以为，安杰拉的建议是反能力，或者以为能力不重要，在安杰拉的著作中，她特别强调天赋、天才确实是存在的，但天才的一个很重要的天赋其实也是因为他知道如何坚守下去。同样地，安杰拉也强调，其他的积极心理品质，如人道主义的情怀、社会和情绪智力、仁慈和善良等，对成功同样非常重要。

另一个特别重要的观点容易在我们阅读时被忽视，那就是，安杰拉并没有说成功的秘密就是坚毅，换句话说，坚毅并不是一种"秘密"，而是我们很多人都已经感受到、知晓到的重要的心理品质。中国文化很早就意识到坚毅在人生道路上的价值和作用，孟子特别提出来："天将降大任于斯人也，必先苦其心志、劳其筋骨、饿其体肤，空乏其身，行拂乱其所为，所以动心忍性，曾益其所不能。"我们清华大学的教授王国维先生也把"衣带渐宽终不悔、为伊消得人憔悴"作为做人、做事的一个特别重要的修行境界。因此，不要错误地认为，安杰拉研究的价值是发现或者找到了所谓"成功的密码"，实际上，她是把我们在一个日益竞争紧张的时代所忽视的传统智慧，用现代科学的方式呈现了出来。

我个人觉得，安杰拉的工作最大的意义是让心理学家重新关注让人类成功快乐幸福的心理品质。也许能力不是最重要的因素，也许坚韧也不是最重要的因素，它们可能都只是人类全身心发展的一个很重要的方面。心理学界的专家还在继续研究、探索、分析和辩论人类全身心发展的问题，这是科学发展的意义，也是我们从事心理学研究的意义和贡献。

彭凯平

清华大学社会科学学院院长、心理学系主任、心理学教授

让"坚毅"成为你的习惯

接到中信出版社邀请,为安杰拉·达克沃思博士《坚毅》一书写序,我暂时放下手边的工作事务,回顾我的成长经历。

就从读书时代说起吧。和现在的很多中学生一样,我 12 岁独自赴美读书,16 岁考入耶鲁大学,用三年半的时间获得了经济与国际事务双学士,后来又在斯坦福大学取得了法学博士学位。看上去,我是一个天生的"学霸",但刚到美国时的窘境,时至今日依然历历在目。我看不懂课堂上的古英文材料;与同学朋友交往时,语言、生活和文化的差异让我无所适从,根本不知如何融入。

再谈工作经历,我闯过华尔街投行,也在法庭上以律师身份与别人进行过"唇枪舌战"。目前,我在耶鲁北京中心工作。作为耶鲁大学 300 多年历史上唯一一个海外实体中心的创始主任,从创办之初的筹备工作、选址、获得校友捐助、设计室内风格、推敲开幕式的每一个细节，到运营2年多时间举办了300多场活动，促进决策者和各界领袖的对话与交流合作，这其中付出的心血和经历的挑战是可想而知的。

常常有人问我："你是如何成为学霸的？是什么让你日复一日、年复一年，如此充满激情地工作？"我想，一方面是我找到了"教育"这个我热爱的行业，另一方面也得益于我一直坚守的几个习惯，这其中就有安杰拉·达克沃思博士给出的答案：坚毅。在书中，她提出，一个人若要取得杰出的成就，拥有坚毅的品质比天赋更重要。回顾自己走过的路，我想，这也是我的答案。

我听过一个玩笑："世界上最恐怖的事情，就是比你优秀的人比你更努力。"在我看来，这非但不恐怖，反而是一个鼓舞和激励人心的事实，因为它给你指出了一条清晰的路。是的，要想取得一点儿成绩、实现你的梦想，你就要比身边的人更努力、更坚毅。条条道路通罗马，行行业业出状元，可是从来没有一条路是简单易行的。我对此深有感触。我的天资并不比周围的人更好，但我从小就确定了自己愿意为之终身奋斗的人生目标，而且没有一天不在努力。所谓"光鲜"的履历，它的背后是百折不挠的坚毅，是不断挑战自己的勇气和锲而不舍的精神。而这并不稀奇，我在工作中，每天都要接触来自世界各地、各领域的杰出领袖，我想说，他们比我更优秀，而且，真的，他们也比我更努力。

"坚毅"理论在美国一经提出就产生了巨大影响，本书作者安杰拉·达克沃思因而获得了2013年度的麦克阿瑟天才奖，她的

TED演讲有超过1 000万人观看。为什么？因为在影响成功的种种因素中，在天赋、家庭背景这些个人难以左右的因素之外，安杰拉给出了一个相对公平的方向、一个通过个人努力就可获得改变的方向：培养坚毅的品质。并且，她用自己的研究证明，这种品质的作用比天赋等因素之于成功更加重要。

事实是否如此？担任耶鲁大学面试官十余年，我面试过的学生不计其数，我的切身体会是，拥有坚毅的品格、自我认知的能力和"成长型思维"模式的学生更容易脱颖而出。这些品质使得他们能够一次次地离开舒适地带，挑战自我。我在很多出身普通的孩子身上看到了这些品质，我知道这些品质会护佑他们走出一条长长的路，一条实现自我价值和梦想的路。

除了坚毅，还有自我认知，这是人类永远好奇和关心的问题。一个人只有充分认识了自己，才能找到自己愿意为之付出终生激情的长期目标。我的大学室友是个十足的"吸血鬼"控，听上去颇有些"不务正业"，但这种热爱和激情最终让她成了美国电影《暮光之城》的制片人。现在，她已经成为好莱坞难得一见的女性高管。可见，把你带往成功的可能是任何因素，但你一定要找到自己内在的激情所在，发现它，抓住它。

还有，不要害怕失败，要珍惜挫折，因为失败、挫折、挑战都是让自己更强大的机会。当挫折来袭，坚毅的品质会助你渡过"难关"。安杰拉在书中也强调了寻找个人兴趣和培养"成长型思维"对于形成坚毅品质的重要作用。我的经历也得益于此，安杰拉本人的成功同样离不开她的坚毅品格,读者在阅读本书时会有所体会。

我们还要学会"利他",帮助别人。助人就是助己。安杰拉是非营利组织"性格实验室"的联合创始人。作为Lean In China励媖中国联合发起人,2013年我启发并协同10万名女性互帮互助,帮助她们更好地发掘自我价值,实现家庭和事业双赢的人生。在帮助她们的过程中,我在工作和生活上也得到了来自她们的许多意想不到的帮助。作为华人女性,我们都愿意付出、助人,我们都有改变世界的愿景,也正在以坚毅的品格去实现这一愿景。

现在,安杰拉的著作已在中国大陆地区出版,它将改变更多人的生命轨迹。在我看来,这本书也在告诉为人父母者,应该如何从孩子的童年时期就培养出他们坚毅的品格,为日后的成功打下良好的基础。这或许是本书最大的价值之一。作为两个孩子的母亲,我也从中获益良多。

是为序。

耶鲁北京中心创始主任、世界经济论坛2016年全球青年领袖
Lean In China励媖中国联合发起人
李恩祐

推荐序3

世界上最难的事儿

就在我正要写下这些文字之前，我又去TED的官方网站上看了一眼安杰拉·达克沃思关于"坚毅"的演讲，这段约6分钟的视频，播放次数已经突破了1 000万，"grit"（坚毅）也正是因为这段视频一炮而红。几年前，我和她有过一面之缘，那时我对她的印象是"干练"，读完这本书，我想她本人就是"坚毅"最好的代言人。这不是因为她在书中所表现的一贯坚强，恰恰相反，她可能是我读过的少数会在书里写自己哭泣的心理学家。做研究生的时候，她被导师训哭过（对了，她的导师是被誉为"积极心理学之父"的马丁·塞利格曼），在本书写不下去时候，她也流下了眼泪。但是，在被导师训哭后，她写满了十几个笔记本，经过十多年的思考，她终于有了对坚毅的突破性研究，《坚毅》这本阐述她研究成果的作品一出炉就登上了《纽约时报》的畅销书榜。

XIV 坚毅

别以为我要开始给你们上关于"坚毅"的思想品德课，恰恰相反，我始终认为，一味鼓励努力和坚持，但凡你没有成功就是你不够努力和坚持的成功学都是不负责任的流氓行为。安杰拉·达克沃思所定义的"坚毅"是指对长期目标的热爱（passion）和坚持不懈（perseverance）。为什么很多人一听到"坚持"都从内心感到为难甚至抗拒，大概是因为我们从小就被迫坚持了太久，为了家长的期望，为了更好的未来，也为了大家眼中的成功。但是，没有热情的拼命正是很多人在坚持中只有痛苦的最重要的原因。我相信，很多人不是不能坚持，而是没有找到心怀热情的目标。事实上，环顾四周，不少人都在坚持一种"正确而无趣"的生活。我倒觉得，那些能够数十年如一日地压抑自己，如此生活的人其实也有一种"坚毅"，只是这样的"坚毅"带来的是个人生命力的丧失和社会创造力的毁损。坚持不懈的前提是找到你的热爱。这就如同婚姻，光强调恒久忍耐，用心经营，如果选错了人也是白搭。

当然，热爱也未必会让坚持变得总是可爱有趣，就像再好的婚姻也不是没有痛苦和折磨一样。在一个一切都必须有趣的时代，我们越来越不能接受痛苦和无聊。太多的成功故事似乎都是在轻松的玩乐间完成，那些成功者脸上的表情总是那么愉悦轻松，似乎那些受苦才能拿到的成功都不值一提。比起每天早晨4点起床的成功者，我们似乎喜欢传扬那些每天睡到自然醒，轻轻松松就少年得志的人。比起苦干的故事，我们似乎永远更喜欢偶像和神话，大概是因为这极大地满足了人类对天才膜拜的虚荣，也让我们的内心得以平衡——"不是我不努力,是我没那个命"。可是本书也许会再次告诉你那句大实话,"大多数人的努力程度之低,根本轮不到去拼天赋"。安杰拉·达克沃思在研究了很多成功者后提出了她的成就公式:天赋 × 努力＝技能,技能 × 努力＝成就。即便你有天赋,两个公式中的努力依然不可或缺,换句话说,如果你没有拥抱无聊和沮丧的能力,你可能也无法有所成就,因为几乎所有的成功中都少不了一种叫作"刻意练习"的努力。中国有句古话:"台上一分钟,台下十年功",说的也是这个道理:你必须非常努力,才能看起来毫不费力。这个过程可能一点儿也不好玩,甚至很痛苦,就像运动员一遍遍重复同样的动作,不断挑战自己的身体极限一样。很多人很容易就把努力过程中的不舒服和不快乐归因为"我没有天赋"、"我不适合做这个",其实,这些都不过是偷懒的借口。就像有人指出的,有时候"感觉好"(feeling good)也要让位于"有成长"(getting better),而最终的成长可能会让你收获游刃有余、行云流水般的巅峰体验,比如本书作者安杰拉·达克沃思所做的让人难以忘怀的TED演讲就是在经历了各种批评之后,刻意练习的成果。另一方面,既然安杰拉·达克沃思提出的成就公式是一个乘法公式,那也意味着如果你在某个方面天赋很低,就算付出极大的努力也可能没什么大的成就,所以选择努力的方向很重要。不过,就算你无法取得和高天赋人才一样的成就,你至少可以比现在做得更好;辛勤的汗水未必能让你达成卓越,但是至少勤能补拙。当然,我们也完全没必要神化天赋,那不是天才的专利,相反,每个人都有自己独特的天赋——总有一些事情你做的比别的事情要好，这就像你在游戏中总会有一样相对来说更擅长使用的武器装备，只要经常练习，就会不断升级。

书中引用了尼采那句著名的"那些杀不死我的，使我更强大"，但是也有很多人被那些杀不死我们的东西搞得更脆弱，就像有人得病痊愈后身体有了免疫力更加健康，有的人则健康受损甚至一病不起。这就涉及另一个核心问题了，坚毅的品质可以培养吗？特别是在我们成年以后？有研究者认为这是一个相对稳定的人格特质，而安杰拉·达克沃思则通过她的研究和实践乐观地认为，我们都可以通过学习和练习让自己变得更坚毅（建议你在培养自己的坚毅品质前，先做一下书里的坚毅测试，以方便对照进展）。但是，成长的前提是你要有"成长心态"，即相信你自己真的可以改变，从这一点上来说，很多人不是输在努力，而是输在不相信努力。当然，努力与坚持未必能实现所有目标，很多艺术家和革命者都没机会看到自己的理想成为现实，比如梵高和孙中山，但是这种努力与坚持能带给他们人生的意义感和成就感。现代人的空虚不再是无事可做，恰恰相反，他们有太多事忙不过来，以至他们常常怀疑这些事情究竟有什么价值，这种无意义感让他们更脆弱，也更容易放弃。所以书中也提到，当你知道为什么坚持，当你知道自己做的事情"不只对我很重要，对其他人也有价值"时，你就更容易克服困难。所以，那些把工作看作使命的人更可能坚持不懈，就好像有些人在爱上一个人或者为人父母后会变得更勇敢也更坚强一样，因为他们发现有人需要自己。

  虽然本书讲到了很多成功者的坚持，但是毋容置疑，有关成功的影响因素太多了，你有天赋也够坚毅却可能没赶上好时代，你赶上了好时代也许还会遇到更强的对手，用任何单一因素来解释成功都是小看了造化的不可思议。不过，你也别太难过，你至少可以选择如何度过这一生，比起不可控的成功，幸福也许更重要，也更切实。安杰拉·达克沃思也曾好奇坚毅和成功是否会牺牲个人幸福，为了回答这个疑问，她调查了 2 000 名美国成年人，其中有一个问题是"如果我能再活一次，我还是会像现在这样生活吗？"她发现一个人越坚毅，就越容易感受到积极情绪，即坚毅和幸福总是形影不离。我不确定这是因为坚毅的人更容易相信自己的选择是正确的，还是因为他们从自己的选择中感受到了幸福，所以更容易坚持下去。无论如何，找一件你热爱的事情，数十年如一日地做下去吧。无论是否成功，都努力活成一个让自己尊敬的人。

北京大学精神卫生学博士，积极心理学推广者

汪冰

前言

我不是个天才

在成长的过程中,我经常听到"天才"这个词。

提起这个话题的,总是我父亲。他喜欢毫无缘由地说:"你知道,你不是个天才!"他可能会在晚餐时,在"爱的小船"的广告间歇,或在他坐到沙发上看完《华尔街日报》之后这样说。

我不记得我当时是怎么回答的,也许我假装没有听到。

我父亲经常思考关于天才、天赋,以及谁比谁的天份更多这类问题。他很在意自己有多聪明,并甚为关心他的家人有多聪明。

我并不是唯一的问题,我父亲也不认为我的哥哥和姐姐是天才。按他的标准,我们没有一个比得上爱因斯坦。显然,这令他感到非常失望。父亲担心,这种智力欠缺会限制我们最终取得的成就。

两年前,我幸运地被授予了麦克阿瑟天才奖(MacArthur

Fellowship），这个奖也被称为"天才奖"。麦克阿瑟天才奖不需要申请，也不需要你朋友或同事的推荐；相反，如果一个包括你所在领域顶尖人物的秘密委员会认定你做了重要的且具有创造性的工作，你就会获得这份殊荣。

当我接到获奖消息的电话时，我的第一反应是感激和惊讶，然后我想到了父亲和他对我智力潜力的即兴诊断。他没有错——我赢得麦克阿瑟天才奖，并不是因为我比其他的心理学家更聪明。不过，他对这个正确的答案（"不，她不是一个天才"）却提出了一个错误的问题："她是一个天才吗？"

在接到获奖电话和这个消息被正式公布之间，大概有一个月的时间，除了我丈夫外，我不能将消息告诉任何人，这给了我时间去思考这种情况的讽刺之处：我这个一再被告知不是天才的女孩却获得了一个天才奖。之所以授予我这个奖项，是因为我发现，一个人最终的成就可能更多地取决于他的激情和毅力，而不是其天生的禀赋。此时，我已从一些知名大学拿到了学位，但小学三年级时，我的测试分数却没能让我进入资优班。我的父母都是中国移民，但他们并没告诉我要用努力工作来拯救自己。为了对抗对亚裔"多才多艺"的刻板印象，我连一个钢琴或小提琴的音符都不会演奏。

在宣布麦克阿瑟天才奖结果的那个上午，我来到了我父母的公寓。他们已经听到消息了，还有几个阿姨也得知了消息，接连不断地打电话来表示祝贺。之后，父亲转向我说："我为你感到骄傲。"

我有很多话想说，但当时我只是回复了一句："谢谢，爸爸。"

重谈过去没有意义。我知道，事实上，他是为我感到骄傲的。

不过，有时我真想穿越时空，回到儿时。我想告诉父亲我现在所知道的。

我会说："爸爸，你说我不是天才，我不会和你争论，因为你知道有很多人比我更聪明。"我可以想象他点头同意时的情景。

"但是，我长大后要像你热爱你的工作一样，热爱我的工作。我不会只把它看作一份工作，它还是我的人生使命。我每天都会挑战自己。当我被击倒的时候，我会站起来。我可能不是一个最聪明的人，但我会努力成为最坚毅的人。"

如果他仍然在倾听，我会说："爸爸，从长远来看，坚毅也许比天赋更重要。"

经过这些年的研究，我有科学的证据来证明我的观点。更重要的是，我知道坚毅是可变的，而不是固定的，而且，从研究中我还知道了如何培养坚毅的品格。

这本书总结了我所学到的关于坚毅品格的一切。

写完这本书后，我去看望了父亲。在那些日子里，一章又一章，我把本书的每一行都读给他听。过去的十多年，父亲一直在和帕金森病做斗争，我不知道他听懂了多少，不过，他似乎在专心地听着。当我读完的时候，他看着我。好像是经历了一个永恒的停顿之后，他点了一下头，然后，他笑了。

GRIT

第一部分
坚毅到底是什么？

第1章

谁能在西点军校的野兽营坚持到底？

当你踏进美国西点军校校园的时候，你已经是一个赢家了。

西点军校的录取程序和美国那些知名的大学一样严格——取得SAT[①]和ACT[②]的最高分，以及高中阶段出色的成绩，是必要的条件。不过，即便是申请哈佛大学，它也不会要求你从十一年级[③]就开始申请，你也无须获得某位美国众议员、参议员，甚至美国副总统的提名推荐，你更不必在跑步、俯卧撑、仰卧起坐、引体向上等体能测试中取得超高的成绩。

每年都有超过14 000名年轻人从高中的第三年起开始申请西点军校。这群人中只有4 000人能够成功获得提名推荐，其中略超

---

① SAT，学术能力评估测试（Scholastic Assessment Test）。
② ACT，美国大学入学测试（American College Test），也被称为"美国高考"。
③ 美国高中为四年制，从九年级到十二年级。十一年级是高中毕业的前一年。

过一半的申请者（大约 2 500 人）能达到西点严格的学业和体能标准。而且，在这些被千挑万选出来的人中，只有 1 200 人会被最终录取。几乎所有来到西点的学员，无论男女都是其所在高中的运动队成员，其中大多数人还是校队的队长。

尽管如此，每 5 个西点学员当中，就有一个会辍学，而且很多学生是在第一个夏天就离开的。在此期间，学生会参加一个为期 7 周的强化训练项目，这个项目在西点官方的文字中被称为"野兽营"，或者被简单地称作"野兽"（Beast）。

那么，谁会花费两年的时间努力来到一所学校，然后没待两个月就离开呢？

要知道，这可不是普通的两个月。在西点的新生手册中，"野兽营"被描述成"在你 4 年的西点军校生涯中，对体力和精神要求最高的一段时间……其设计就是为了帮助你完成从新生到士兵的蜕变"。

西点军校的一天从凌晨 5 点开始。5 点 30 分，学员们列队站好，一起向升起的美国国旗致敬。然后是艰苦的训练——跑步或做操，之后是轮流进行的列队行进、课堂学习、武器训练以及体育运动。晚上 10 点，熄灯号响起，灯光熄灭，大家进入休息状态。次日，整个程序周而复始。对了，这里没有周末，除了吃饭，没有中间休息，而且不能与家人和朋友联系。

西点军校野兽营的一天

5:00am（上午）	起床
5:30am	集合列队
5:30—6:55am	体力训练
6:55—7:25am	整理内务
7:30—8:15am	早餐
8:30—12:45pm（下午）	训练／上课
1:00—1:45pm	午餐
2:00—3:45pm	训练／上课
4:00—5:30pm	组织化运动
5:30—5:55pm	整理内务
6:00—6:45pm	晚餐
7:00—9:00pm	训练／上课
9:00—10:00pm	指挥官时间
10:00pm	熄灯号

一位学员这样描述野兽营："你将迎接各种挑战，包括精神的、身体的、社交的等等。这套训练系统会找到你的弱点，不过这正是关键所在——西点会让你变得强悍。"

那么，哪些人能熬过野兽营的训练呢？

2004年，在宾夕法尼亚大学读心理学研究生二年级的我，曾试图回答这个问题。在过去的几十年，美国军方也一直在问同样的问题。事实上，1955年——在我开始解这个谜团的约50年前，一位名叫杰里·卡根的年轻心理学家被征召到军队，向西点军校报到，并且对新学员进行测试，以确定谁能留下、谁会离开。杰里不仅是第一位研究西点军校退学问题的心理学家，他也是我在大学期间遇到的第一位心理学家，我后来还在他的实验室里兼职工作了两年。

杰里说，他早期试图将西点军校里"麦粒和谷壳分开"的努力非常失败。他曾花费数百个小时，将一些图片拿给学员看，并且要求他们根据图片自行描绘故事。这个测试的目的是要发掘学员内在深层的、无意识的动机。心理学家通常认为，那些能够将高尚行为和成就视觉化的学员应该能够顺利毕业，不会辍学。就像很多想法一样，其原理听起来不错，但在实践中却不大行得通。学员们讲述的那些故事听起来颇为有趣，不过，这与他们在实际生活中所做的决定毫无关系。

从那时起，很多心理学家便投身于对辍学问题的研究，但没有一位研究者能够肯定地说出，为什么一些看上去颇有前途的学员会在训练伊始就成批地退学。

在得知野兽营后不久，我找到迈克·马修，他已在西点军校任军队心理学家多年。迈克解释说，西点军校的招生程序能够成功地鉴别出具有潜质的学员。录取人员计算了每一位申请者的"候选总分"（the Whole Candidate Score），这是一个综合了以下项目的加权平均分：SAT或ACT分数、高中成绩排名、专家对其领导力潜质的评估及其体能测试的表现。

候选总分是西点军校评估申请者的最佳工具，它可以用来预测申请者有多少潜能，是否能够经得住4年的严格训练，并掌握军队领导人所需要的众多技能。

候选总分是西点军校录取中最重要的一个因素，但它也不能完全准确地预测出野兽营的结果。事实上，那些候选总分最高的学员退学的可能性与得分最低的学员几乎是一样的。这也是迈克邀请我参与研究的原因。

根据他年轻时参加美国空军的经验，迈克对这个谜题提出了一条线索。尽管他从军之初的训练没有西点军校这么严酷，但是也非常相似，最重要的一点在于，挑战超出了学员现有的技能水平。当时，迈克和其他队友每小时都要完成超出极限的挑战。迈克说："在那两周里，我感到疲劳、孤独，有受挫感，真想不干了——跟我们班其他的同学一样。"

一些人确实选择了退学，但迈克没有。

让迈克无法理解的是，那些能够让人应对艰难困苦的特质几乎与天赋一点儿关系都没有。放弃训练的人极少是因为他们缺乏能力，迈克认为，关键在于他们可能缺少一种"永不放弃"的态度。

———

当时，迈克·马修并不是唯一一个与我讨论应当以这种坚持到底的姿态去应对挑战的人。作为一个刚开始探索成功心理学的研究生，我采访了商界、文艺界、体育界、新闻界、学术界、医药界以及法律界的领导者，想要了解这些领域中最顶尖的人是谁，他们是怎样的人，以及是什么使得他们与众不同。

这些成功人士在访谈中所提及的一些成功特质与其所在的特

定领域高度相关。例如，不止一位商业人士提到要敢于冒经济风险："你需要做出涉及百万资金的决策，并且依然能在晚上安然入睡。"但这似乎与艺术家的观点毫不沾边，艺术家强调要具备创新的动力："我喜欢创作，我也不知道为什么，但就是喜欢。"相比之下，运动员则提到了另一种动机，一种由胜利的激情所驱动的动机："胜利者喜欢与他人正面交锋，他们讨厌失败。"

除了这些特质之外，我还发现了他们身上很多的共同点，这正是我最感兴趣的部分。不论在哪个领域，成功的人总是幸运并且有天赋。我以前就听说过这种说法，也从未怀疑过。

关于成功的故事还不只这些。很多人还列举了一些成功"新星"的传闻，这些"新星"在众人的惊异声中，要么还没能发挥自己的潜力就退出了，要么对自己所做之事很快就丧失了兴趣。

显然，在失败后仍能坚持前进是相当不容易的，但这也是至关重要的，因为"有些人在事事顺利时意气风发，一旦受挫就变得颓废且崩溃"。但那些被描述为"高成就者"的人就真的做到了坚持到底："有一位小伙子，他在刚开始时并不是一位很好的写手，我们曾经嘲笑他写的故事，因为他的写作实在是太笨拙、太夸张了。但是他的写作技巧变得越来越好，去年他还获得了古根海姆奖（Guggenheim）。"不仅如此，高成就者还总是在不断地追求进步："他们从不满足，也许你认为他们应该知足了，但他们仍是自己最严厉的批评者。"由此可见，这些高成就者是毅力的典范。

为什么这些高成就者在面对他们的追求时能如此不屈不挠？他们中的大多数人没有一个能与他们的雄心相匹配的现实标准，他们永远认为自己不够好。他们各自追求着能让他们产生极大兴趣和自认为非常重要的东西，而这种追求本身，就如同获得成就一样，能够给他们带来满足感。即便他们需要做的事情很枯燥，让人有挫折感，甚至是令人痛苦的，他们也从不会想要放弃，他们的激情使他们能够忍耐。

总的来说，不论身处哪个领域，高成就者都怀有一种相当惊人的决心，这种决心表现在两个方面：第一，他们具备更多的韧性与勤奋；第二，他们明确地知道自己想要什么。他们不仅有决心，还有方向。

正是这种激情与毅力的组合使高成就者变得卓尔不群，简言之，他们具备坚毅的品格。

———

对我而言，问题变成了："你怎样测量一个如此难以量化的东西？"几十年来，大量的军事心理学家都无法得到答案。我采访过的成功人士都表示，这是一种他们能够识别出来，却不知道如何直接测试的东西。

我翻阅着访谈记录，并且写下能够描述坚毅内涵的问题。

其中一半问题是关于毅力的，询问是否同意诸如这样的表述："我曾克服挫折迎接一个重要的挑战。""无论我开始做什么，我都会把它做完。"

另外一半问题是关于激情的,询问"你的兴趣是否每年都在改变",你在多大程度上"对某个主意或计划的痴迷仅仅持续了很短的一段时间"。

就这样,坚毅力量表(Grit Scale)出炉了。当你诚实回答这些问题时,这个量表就能测试出你的坚毅力有多强。

2004年7月,就在1 218位西点学员加入野兽营的第二天,他们完成了坚毅力量表。

在此之前的一天,学员们向父母道了别(西点将整个告别时间精确到了90秒),然后男生们剃了头,男女学员都换掉了他们平时穿的衣服,穿上了西点军校著名的灰白相间的制服,并领取了各自的床脚柜、头盔,以及其他装备。新学员本以为自己知道该怎样做,但仍有一位大四的同学指挥着他们如何正确地站队:"踏前一步站在我面前的线前!不是踩在线上,不是越过线,也不是远在线后,而是踏前一步站在线前!"

起初,我想看看坚毅力得分与能力(天赋)的相关性,结果发现,坚毅力得分与录取过程中煞费苦心计算出来的候选总分并没有关联性。这就表明,一位学员有多少天赋并不能说明他的坚毅程度如何,反之亦然。

坚毅力得分与天赋的分离性与迈克·马修在空军培训中所观察

到的结果相同,但我在初次得到这样的结果时,内心还是感到无比震惊。难道有天赋的人不应该更能忍耐吗?按道理,有天赋的人应该会更加坚持不懈并且努力地去尝试,因为这样会让他们取得优异的成绩。以西点军校为例,候选总分是一个对西点学员各类项目成绩做出非凡预测的参考。它不仅能够预测学员在学术上的成绩,还能够预测他们在军事与体能上的成绩,但仍无法保证每个学员都能在野兽营中坚持到底。

所以,一个有天赋的人并不一定足够坚毅,这着实令人吃惊。在本书中,我们将探索产生该现象的原因。

到此次野兽营训练的最后一天,已有 71 名学员退出。

这样,对于谁能坚持到底、谁会退出,坚毅力就成了一个惊人且可靠的预测手段。

第二年,我回到西点军校又进行了相同的研究。这次有 62 名学员退出了野兽营,而他们的坚毅力得分再次准确地预测出了这一结果。

相反,留下的学员与退出的学员之间的候选总分并无明显差异。之后,我深入分析了组成该候选总分的各单项得分,仍未发现明显差异。

那么,让学员在野兽营坚持到底的关键因素究竟是什么呢?

它不是你的 SAT 成绩,不是你在高中的学习名次,不是你的领导经验,不是你的体能,也不是你的候选总分,关键因素是你是否坚毅。

———

那么,坚毅力在西点军校之外的领域也同样重要吗?为了寻找答案,我调查了其他一些因巨大挑战导致很多人退出的情境。我想了解,人们是否只有在野兽营那样严酷的训练中才需要坚毅,还是坚毅普遍能够帮助人们坚守他们的承诺。

接下来,我在销售界测试坚毅力。这是一个常常遭到拒绝的行业,即便不是每时每刻,也是每天难以避免的情况。我请数百位在同一家分时度假公司就业的职员填写了一系列的人格测试问卷,包括坚毅力量表。6个月之后,我重新拜访了该公司,那时已经有55%的销售人员辞职了,而坚毅力量表对此做出了准确的预测。此外,没有任何其他常用的人格特质测试,包括外向性、情绪稳定性以及尽责性等,能够像坚毅力量表一样有效地预测工作人员的去留。

大约在同一时间,我接到了一个来自芝加哥公立学校的电话。和西点军校的心理学家一样,这所学校的研究者也热切希望能够更多地了解能顺利拿到高中毕业证书的学生的特质。那个春天,数千名美国高中十一年级的学生完成了简略版的坚毅力量表和一系列其他问卷。一年多以后,这些学生中有12%的人未能毕业。调查结果表明,能如期毕业的学生的坚毅力更强,相较学生对学校的重视程度，对学习的尽责程度，甚至对学校安全的感受程度，对于是否能够毕业，坚毅力是一个更有力的预测。

同样，在两个大规模的美国人样本中，我发现坚毅力更强的成年人，在接受正规学校教育的道路上也走得更远。那些已获得工商管理硕士（MBA）、哲学博士、医学博士、法学博士，或者其他研究生学位的成年人，比四年制大学本科毕业的成年人更具坚毅力，而本科毕业的成年人又比只获得了一些大学学分却没有拿到学位的成年人更为坚毅。有趣的是，获得两年制大学学位的成年人的坚毅力得分略高于获得四年制大学学位的成年人。这个现象最初使我感到困惑，但后来我才发现，社区学院的退学率竟然高达80%，那些能坚持下来的学生确实是格外坚毅的。

同时，我与美国陆军特种作战队（也就是众所周知的"绿色贝雷帽"）开始了合作关系。它可是军队中的精英，常常被分配去完成最艰难和最危险的任务。绿色贝雷帽的训练是一种多阶段化的严峻训练。在我开始研究之前，士兵们就已经参加了为期9周的集中营训练、4周的步兵训练、3周的伞兵训练和4周的地面导航预备课程。所有的这些初期训练都是非常艰苦的，每个阶段都有一些士兵坚持不下来。但之后的筛选课更为艰巨。用司令官詹姆斯·派克的话来说，这是"决定谁能进入绿色贝雷帽最终训练的阶段"。

与这些筛选课相比，西点军校的野兽营就像是夏令营。从黎明前开始，士兵们就要全力投入训练，直到晚上9点。除了白天与夜晚的航行作业训练外，他们还有 4 英里①与 6 英里的跑步，以及徒步行进训练，有时还需负重 65 磅②，并且要尝试一种被俗称为"可恶尼克"的障碍课程，这个挑战项目包括在水中爬行、穿越带刺的障碍网、在悬空的木棍上行进、越过网状障碍，以及横荡木梯等。

事实上，能够有资格进入这些筛选课本身就是一种成就，即便如此，这些士兵当中还是有 42% 的人在筛选课程结束之前就自愿退出了。那么，是什么令有些士兵依然坚持下来了呢？答案是：坚毅力。

除了坚毅力，还有什么特质能够预测人们在军事、教育和商业领域中的成功呢？在销售业，我发现一个人以往的经验是有帮助的——有经验的人比新手更容易保住自己的工作。在芝加哥公立学校系统中，支持学生的老师更有可能培养出顺利毕业的学生。对于绿色贝雷帽而言，士兵训练前的体质基础至关重要。

在每个领域中，当你对比同样具备上述特质的人时，坚毅力仍然能够对他们的成功做出预测。由此可见，坚毅力对每个人的成功都很重要。

我刚考上硕士研究生的那一年，纪录片《向拼写前进》（*Spellbound*）上映了。该片追踪了 3 个男孩和 5 个女孩准备并参加

① 1 英里≈1.61 千米。——编者注
② 1 磅≈450 克。——编者注

全美拼字大赛（Scripps National Spelling Bee）的过程。

每年，全美拼字大赛的决赛都会在华盛顿特区举办为期三天的热烈火爆的活动，并且通常只在播出重大体育竞赛的美国娱乐与体育节目电视网（ESPN）上直播。想要进入决赛，这些孩子首先必须赢过来自全美数百所学校数以千计的学生，这意味着他们需要正确拼读出越来越晦涩的单词，而且一个错误都不能犯。这样的过程一轮接一轮地重复，他们将从班级里胜出，然后是年级、学校、辖区，以及本地区。

我想知道，一个人若要精准无误地拼写出如"schottische"（苏格兰慢步圆舞曲）和"cymotrichous"（毛发鬈曲）这样的单词，在多大程度上是由于这个人超常的语言天赋，又在多大程度上是坚毅力在起作用？

我给美国拼字大赛的行政总监佩姬·金布尔打了电话，她是一位充满活力的女士，也曾是拼字冠军。对于获胜者的心理素质，金布尔同我一样好奇并且想更多地加以了解。她同意向所有参赛的273名选手寄出调查问卷，时间定在他们刚刚获得晋级决赛资格之时，而决赛要在几个月后才进行。作为对慷慨的25美元礼品卡的回报，大约有2/3的参赛者把填好的问卷寄回了我的实验室。回复者中，年龄最大的为15岁，这是参赛规则中的年龄上限，最小的只有7岁。

除了完成坚毅力量表的填写外，参赛者还回答了他们在练习拼字上所花费的时间。平均来看，他们每个工作日会花一个多小时练习拼写，而周末，会花两个小时以上。但在这些平均数值的背后，其实存在着很大的差异：有些参赛选手几乎不怎么练习，而另一些选手会在某个星期六练习长达9个小时。

此外，我还选取了参赛者中的一部分选手作为联系对象，对他们进行了语言能力测试。结果，这些拼字选手表现出了非凡的语言能力，但在测试得分上也显示出了相当大的差异：有些选手达到了语言天才的级别，而另一些选手只达到了平均水平。

在美国娱乐与体育节目电视网播放决赛的最后几个回合时，我目不转睛地盯着屏幕，充满悬念的时刻终于到来：13岁的阿努拉格·卡施亚普准确无误地拼出了A-P-P-O-G-G-I-A-T-U-R-A（形容优雅的音乐专用语），并以此夺冠。

当拿到最终的名次排列表后，我开始分析手中的数据。

我发现，决赛前几个月的坚毅力量表测试结果能够预测参赛者在比赛中的最终表现。简言之，坚毅力越强，这个孩子在比赛中就会走得越远。他们是怎样做到这一点的？答案就是通过花更多的时间来练习，以及参加更多的拼字大赛来训练。

那么，天赋呢？语言能力也对选手们在赛事中的晋级表现做出了预测。但语言能力与坚毅力之间没有任何关系。更重要的是，具有语言天赋的参赛者并没有比天赋较少的参赛者花费更多的时间来练习，也没有比天赋较少的选手有更长的参赛历史记录。

当我对常青藤联盟（Ivy Leage）的本科生做研究时，坚毅力与天赋的无关联性再次浮现出来。事实上，SAT分数与坚毅力得分呈负相关。在选取的样本中，SAT得分较高的学生比SAT得分较低的学生的坚毅力得分要略低一些。综合各项研究，我获得了引领未来研究工作的重大顿悟：我们的潜力是一回事，而我们如何发挥潜力则是另外一回事。

第 2 章

—

不要被天赋误导

在成为心理学家之前,我曾是一位教师。多年前,我还在教书,还没有听说过西点军校的野兽营,但我当时就已经认识到天赋并不是获得成功的唯一条件。

27 岁时,我辞掉了麦肯锡公司的工作,成为一名全职教师。麦肯锡是一家全球管理咨询公司,仅在纽约市,它的办公室就占据了市中心一座蓝色玻璃摩天大厦的好几层。当时,同事们有些不理解我的决定:为什么要离开一个所有的人都拼了命想挤进去的公司——一个被认为最具智慧与影响力的公司?

熟悉我的人以为我是为了换一种生活方式,告别一周 80 小时的工作,换一个更为轻松的岗位。但是,只要当过老师的人都知道,世界上没有比教书更辛苦的工作了。那么,我究竟为什么辞职呢?从某种角度来说,做商业咨询对我而言是走了偏路。大学期间，我一直为当地公立学校学生做辅导老师。毕业后，我创办了一个免费的学业辅导项目，并且运营了两年。之后，我在牛津大学攻读并取得了神经科学的学位，其间，我进行了阅读障碍的神经机制领域的研究。所以，当我开始教书生涯，才感觉自己回到了人生的正途。

即使如此，这样的过渡还是显得很仓促。仅仅在一个星期内，我的工资就从"真的吗？我真的挣到了这么多钱吗？"变为"哇，这里的老师究竟是怎么维持基本生活的？"当时，我的午餐通常是早晨离开公寓时自己打包的三明治，而不再是之前由客户埋单的寿司外卖。尽管上班乘坐的地铁与过去在麦肯锡上班时是同一条线路，但我得在市中心更南面的6站之后下车，来到下东区。我从每天高跟鞋、珍珠首饰，以及定做的套装，改为穿合脚的鞋以便可以站立一整天，并且穿着不怕被粉笔灰弄脏的便装。

我的学生年龄大约在十二三岁，他们大多居住在A大道和D大道之间的政府补贴住房区。那时，时尚的咖啡馆还没有遍布这个社区的每个角落。在我开始教书的那个秋天，我们学校被选中，作为一部电影的拍摄地。这部电影讲的是位于贫民区的一所秩序混乱的学校的故事。当时，我的工作是教七年级的数学，包括分数、小数，以及代数和几何的基本知识。

第一周，我就明显地看出，一些学生比其他同学更容易掌握数学概念。教这些有天赋的学生真是一种享受，他们是不折不扣的"快速学习者"。几乎不需要任何提示，他们就能找出一系列数学题中潜在的规律，而这些规律是其他能力较低的学生费尽心力也不易掌握的。他们在看完我在黑板上的示范例题之后便会说："我会了！"接着，他们便能自己正确地解答出下一道题。

然而，在第一个考核期结束时，我发现有些天赋高的学生的表现并不像我期望的那样好。当然，也有个别学生表现得非常优秀，但是，不少有天赋的学生的成绩却很糟糕。

相反，有几个最初学习很吃力的学生的成绩却超出了我的期望值。这些"成绩超出我预期的学生"不会东玩西闹或无所事事地向窗外眺望，他们总是在认真地做笔记并向老师提问。当第一次没有学会时，他们会一遍又一遍地反复尝试，有时他们会在午餐时间来到办公室和老师交流问题，有时则会在下午的选修课上寻求额外的帮助。最终，他们的努力在考核成绩上得到了体现。

显然，能力并不能保证有所成就，有数学天赋并不代表一定能够在数学考试中取得优异的成绩。

这是一个让人出乎意料的发现。毕竟，大家通常都认为，在数学这门学科中，最具天赋的学生会胜出，将那些"没有数学天赋"的同学远远甩下。坦白地说，在开始当老师的第一学年，我心中也是带着这种假设的，我以为那些学得很轻松的学生能够持续地超越其他同学。我以为，有天赋的学生与其他同学之间的差距只会越拉越大。

我被天赋误导了。

渐渐地，我开始进行一些深刻的反思。当一节课后，我的学生没有学会相应的概念时，那些没有学会的学生是否只是需要更多的时间来理解呢？或者，我是否需要换一种方法来阐释我的教学内容？在做出"天赋就是命运"的定论之前，我是否需要考虑一下后天努力的重要性？并且，作为一名教师，找出能够帮助学生以及我自己更持久地坚持努力的方法，这难道不是我的职责吗？

与此同时，我注意到，哪怕是班里学习能力最弱的学生，在谈论他们真正感兴趣的话题时，也显得非常聪明。他们聊这些话题时，我几乎跟不上他们，例如关于篮球比赛的记分、他们喜欢的歌曲、复杂的故事情节等等。当我对学生们有了更深的了解之后，我才发现，他们在各自异常复杂的日常生活中都或多或少地形成了一些复杂的思想，那么，在代数方程中把未知数解出来，真的有那么难吗？

学生们的天赋是不一样的，但就七年级数学来说，如果他们和我都付出足够的努力，是否就都能够达到课程的要求呢？当然，我认为他们每一个人都具备足够的天赋。

在这一学年结束前，我的未婚夫成了我的丈夫。为了他在离开麦肯锡公司之后的事业发展，我们从纽约搬到了旧金山。我在洛威尔高中（Lowell High School）找到了一份教授数学的新工作。

与我之前在纽约下东区工作的学校相比，洛威尔高中可谓是另一番景象。

洛威尔高中坐落在太平洋沿岸一个常年雾气缭绕的盆地深处，是旧金山地区唯一一所凭学业成绩来录取学生的公立高中。作为加州大学系统最大的生源地，洛威尔高中将很多学生送进了全美最优秀的大学。

如果你像我一样在美国东海岸长大，那么你可以把洛威尔高中想象为旧金山的史蒂文森中学——这会使你联想到只有极度聪明、有着一流成绩的学生才能进入的学校。

我发现，洛威尔高中的学生更为卓著的是他们的学习态度而不是智力。一次，我问班里的学生，一般会花多少时间在学习上。最具代表性的答案是："很多很多小时。"他们指的可不是一周，而是在一天之内。

然而，和其他学校一样，这些学生所付出的努力，以及他们的考试成绩也存在着巨大的差异。

就像我在纽约所观察到的，一些学生学得很轻松，我以为他们能取得优异的成绩，但他们最终的成绩却不如其他同学理想。另一方面，那些最努力的学生，在小测验和正式考试中的表现则总是很突出。

戴维是努力学习的学生中的一员。

戴维是我高一代数班里的一名学生。洛威尔高中有两种数学班：一种是直通高中四年级大学预修①微积分课程的快班，另一种是我所教的普通班。我们班上学生的成绩没有达到洛威尔高中数学预备考试的标准，所以不能进入快班。

戴维起初表现得并不突出。他很安静，坐在教室的后排。他很少举手，也很少主动到黑板上解答数学题。

但我很快发现，每次改作业时，戴维提交的作业都完成得很棒。他总会在小测验和正式考试中取得优异成绩。我偶尔在他答案上判他答错，通常都是我的失误，而不是他做错了。而且，他对知识的渴求非常迫切。上课时，他永远都在全神贯注地听讲；下课后，他又常常留下来并礼貌地向我要求更难的作业。

我开始好奇，这个孩子怎么会在我的班上。

当我意识到这个情况并不合理之后，我将戴维领到了教学主任的办公室，向她说明情况。幸运的是，这位主任是一位明智的好老师，她立即将戴维安排到了快班。

我的损失是其他老师的收获。当然，戴维的成绩仍有起有伏，他的数学成绩并不全都是"A"。戴维后来告诉我："在转入快班后，我的学业有些落后。之后的几何课也很难，我只得了'B'。"还有一次，他的数学考试只得了"D"。

"那么，你是怎样应对这种情况的？"我问道。

---

① 大学预修课程，也称AP课程（Advanced Placement），是美国高中开设的具有大学水平的课程，由美国大学理事会（The College Board）主持。AP成绩不仅是很多大学招生时的参考标准，学生在入学后也可以以此抵扣一些大学学分。——译者注

"当时，我确实感到很糟糕，但我并没纠结于此，我知道过去的考试并不能代表一切，我应该专注于接下来该做的事。之后，我找到老师寻求帮助。我试着找出自己的错误，以及改正的方法。"

高中四年级时，戴维选了洛威尔高中最难的两门资优微积分课程。那年春天，他在大学预修课程的考试中取得了5分的完美成绩。

从洛威尔高中毕业后，戴维进入了史瓦兹摩尔学院（Swarthmore College），并取得了工程学和经济学的双学士学位。在毕业典礼上，我与他的父母坐在一起，回想起当初那个坐在教室后排的安静的男孩子，他用行动证明，能力测试会导致很多错误。

2014年，戴维获得了加利福尼亚大学洛杉矶分校（UCLA）的机械工程学博士学位，他的论文方向是关于货车机械热力学过程的最佳性能优化算法。用大白话说，戴维通过数学使引擎变得更加高效。如今，他是美国航空航天公司的一名工程师，这位曾被认为"没准备好"进入数学快班的男孩，现在成了一名火箭科学家。

在接下来几年的教学生涯中，我越来越不相信"天赋就是命运"这种说法，并对努力所产生的回报越来越感兴趣。为了能深入弄清楚这个问题，我最终放弃教书，并成了一名心理学家。

在进入研究生院学习之后，我才知道，原来心理学家早就开始了对成功与失败的原因的探索。弗朗西斯·高尔顿是最早进行这方

面研究的学者之一，他曾与他的表兄查尔斯·达尔文就这个话题展开过辩论。

众所周知，高尔顿曾是一位神童。他4岁时就能读会写，6岁时就学会了拉丁语和长除法，并且能够背诵莎士比亚作品中的段落。学习对他而言是一件轻而易举的事情。

1869年，高尔顿发表了他的第一部有关高成就的科学研究。他收集了科学、体育、音乐、诗词、法律等众多领域中成功人士所有的传记信息。高尔顿总结说，这些顶级人物具有三大非凡之处：出众的"才能"（ability）、非凡的"热情"（zeal），以及"吃苦耐劳的能力"（the capacity for hard labor）。

在读了高尔顿著作的前50页后，达尔文写了一封信给这位表兄，表达了他对天赋被列在成功必备素质清单上的惊讶。"从某种意义上来说，你改变了我原本的看法。"达尔文写道，"因为我一直都认为，除了傻瓜之外，人们在智商上并没有多大的区别，区别只是在于热情与勤奋。我现在仍然认为这是一个极其重要的区别。"

当然，达尔文就是这样一位高尔顿希望了解的成功人士。作为大家公认的历史上最具影响力的科学家之一，达尔文是第一位用自然选择的结果来解释动植物种类多样性的科学家。同时，达尔文也是一位敏锐的观察者，他不仅观察动植物群，也观察人类。从某种意义上讲，他的职业就是去观察那些导致成功生存的微小差异。

所以，达尔文对成功的决定性因素的见解值得我们深思。他相信，一个人的热情与勤奋比智力上的能力更重要。

总的来说，为达尔文撰写传记的作家都没有渲染过达尔文拥有超自然的智慧。达尔文当然很聪明，但洞察力并不会像闪电那样让他灵光乍现。从某种意义上讲，他是一个埋头苦干的人。达尔文的自传也证实了这个观点："我并不像某些聪明的人那样，有非常快的领悟力。"他承认，"我对冗长且纯抽象思维的理解能力比较有限。"他自认为不能成为一位很好的数学家或哲学家，而且他的记忆力也欠佳："我对某个日期或者某行诗词的记忆从来不会超过几天时间。"

也许是达尔文太过谦虚了，但他也会夸奖自己的观察能力，以及运用这些能力来理解自然法则的勤勉程度："我认为我比普通人强的地方在于，我能注意到一些容易被他人忽略的细节，在观察方面很细致。我的勤劳程度就如我对事情的观察，以及对事实的收集能力一样强。更重要的是，我对自然科学的热爱一直都很坚定而强烈。"

一位传记作家把达尔文描述成一个对问题不断思考的人，当其他人早已转向新的、更容易解决的问题时，他还在持续地思考同一个问题。

人们通常对自己无法回答的问题的反应是："我稍后再考虑。"然后，人们就会把这件事情忘得一干二净。但对达尔文来说，他会下意识地使自己不去做这种半主动式的遗忘，他会将所有的这些问题放在大脑的后台运行，随时等待着新的相应信息的到来。

———————

40 年后，在大西洋的另一端，一位名叫威廉·詹姆斯的哈佛心理学家开始对人们在追求目标时的差异展开研究。在其漫长而杰出的职业生涯末期，詹姆斯就该论题写了一篇论文，并发表在了《科学》（Science）杂志上，这篇论文的标题为"人类的活力"（The Energies of Men）。

反思身边朋友与同事的成败，以及他自己努力水平的变化，詹姆斯写道："与我们应该成为的样子相比，我们只是处于半苏醒的状态。我们内在的火焰被淋湿，我们的心流被阻遏。我们只用了全部潜在脑力及体力资源的一小部分。"

詹姆斯声称，潜力与实现之间存在一道鸿沟。人们的天赋存在差异是不可否认的——一个人也许在音乐方面的天赋优于体育方面，或在商业方面的天赋胜过艺术方面。但詹姆斯坚持认为："人类个体往往深陷在自己的局限当中；每个人都拥有各种不同的能力，却习惯性地不去加以发挥，这样，他的活力没有充分调动，而且行动也低于最佳状态。"

"当然，人类的局限性也是存在的。"詹姆斯承认，"就如大树不能长到天空中去一样。"确实有一些边界，我们的能力到了那里便无法再超越了，但对绝大多数的人来说，那个边界还很遥远。"事实上，人们拥有大量的潜力，但仅有极少一部分人把这些潜力发挥到了极致。"

这些写于 1907 年的观点如今也同样适用。那么，我们为什么还如此强调天赋呢？为什么在大多数人仍处于旅途的开端、离能力的边界还极其遥远时，就把眼光锁定在能用能力极限做些什么的问题上呢？为什么我们要假定，是天赋而不是努力，决定了我们在未来漫长的旅途中能够到达哪里呢？

数年来，多项在全美范围进行的问卷调查都提出了"究竟是天赋还是努力对成功更重要"的问题。美国人对努力的重视程度是天赋的两倍。在问及关于体育能力的问题时，你也会得到同样的答案。当被问及"如果让你雇用一名新职员，以下哪些素质是你觉得最重要的"这个问题时，美国人对"努力工作"的认可度比对"智力"的认可度高 5 倍。

这些调查结果与心理学家蔡佳蓉对音乐专家所做调查得到的结论是一致的——这些音乐家对努力训练的推崇超过了对天赋的推崇。但当蔡佳蓉间接地试探他们的态度时，却发现他们的偏好倾斜到了另一个方向："我们喜欢有天赋的人。"

在蔡佳蓉的实验中，职业音乐家阅读了两位有着同样成就的钢琴家的传记，其中一位钢琴家被描述成从小就被发现有钢琴天赋的"天才"，而另一位则被描述为从小就极富目标感与毅力的"奋斗者。"他们随后听了一小段这两位钢琴家弹奏的钢琴曲（他们不知道的是，实际上是同一位钢琴家弹奏了这首曲子的不同片段）。与音乐家之前所说的"努力比天赋更重要"的观点相矛盾的是，他们断定，具有天赋的钢琴家更有可能成功，也更容易被雇用。

在后续研究中，蔡佳蓉测试了一个颂扬努力工作与奋斗的领域——创业圈，以了解这种矛盾的现象是否普遍存在。她招募了数百名有着不同程度商业经验的成年人，把他们随机分为两组。一组受试者阅读了一位"奋斗型"企业家的故事，这位企业家被描述为因为刻苦、努力以及丰富的经验而最终获得了成功的人；另一组受试者则阅读了一位"天才型"企业家的故事，他因为自身的天赋而获得成功。所有的受试者都听了同一段商业计划书的录音，并且被告知这段录音是由他们所阅读到的那位企业家录制的。

蔡佳蓉发现，有天赋的企业家被认为是更有可能成功，并更值得雇用的人，他的商业计划书的质量也被认为更加优秀。当人们只能在两位企业家中二选一的时候，人们更愿意选择那位有天赋的企业家。实际上，只有当奋斗型企业家比天才型企业家多具备4年的领导经验，并且多出4万美元的启动资金时，这两个人的差别才会被抵消。

蔡佳蓉的研究揭示了我们对天赋和努力的矛盾态度。我们嘴上表示的也许和我们内心深处真正的价值观并不相同。就像我们往往声称自己一点儿也不在乎恋爱对象的相貌，但在真正选择交往对象时，我们还是会选择"更好看"的而不是"更好"的那个人。

这种"对天分的偏袒"是对那些因努力而有所成就的人的隐性歧视，也是对那些我们认为其成功是源于天赋的人的隐性偏爱。我们也许不会向他人承认自己对天才的偏袒，甚至都不会向自己承认，但是这种偏袒在我们所做的选择中却是显而易见的。

蔡佳蓉本人便是一个有关天才与努力现象的有趣的例子。蔡佳蓉现任伦敦大学学院教授，并在最具权威的学术期刊上发表过学术著作。少年时期，她就读于茱莉亚音乐学校，这所学校大学预科项目的录取标准是："能展现出天赋、潜力与成就，追求以音乐为职业的学生"，并以为他们提供"让其艺术天分与技能蓬勃发展的环境"为办学理念。

蔡佳蓉在哈佛大学取得了多个学位。她的第一个学位是心理学学士，并且以优等生的最高荣誉毕业。她还获得了两个硕士学位：一个是科学史，另一个是社会心理学。之后，她在哈佛大学攻读组织行为与心理学博士学位的同时，还拿下了一个音乐博士学位。

你感到震惊了吗？我再做些补充：蔡佳蓉还获得了皮博迪音乐学院钢琴演奏和教学法的学位，并且在卡内基音乐厅演奏过，甚至在林肯中心、肯尼迪艺术中心，以及庆祝欧盟常任主席执政的活动上举办独奏音乐会。

如果只是看到她的简历，你也许会得出"她比其他人更有天赋"的结论——"老天，这是一个有着多么超凡天赋的女孩啊！"如果蔡佳蓉的研究属实，这种说法将比"老天，这是一个多么勤奋刻苦的女孩啊"更能为她的成就增添光彩和神秘感，以及更多的敬畏感。

那么，接下来会发生什么呢？大量研究显示，当我们认为某些学生具有天赋时，我们会毫不吝啬地给予他们额外关注，提高对他们的期望值。我们期待他们获得成功，这样的期待最终会成为自我实现的预言。

我向蔡佳蓉询问了她对自己在音乐方面的成就的看法。"好吧，我想我还是有一定天赋的。"蔡佳蓉说，"但是，更重要的是，我太热爱音乐了，我小时候每天都会练习4~6个小时。"后来，到了大学，尽管各类课程和活动繁忙，她仍然会挤出几乎同样多的时间来练习。所以，没错，她是一个有天赋的人，但她也是一个奋斗者。

蔡佳蓉为什么要花这么多时间练琴呢？她是被迫的吗？她在这件事情上有选择权吗？

"哦，我是自愿的，我希望自己演奏得越来越好。当我练琴时，我会想象自己就坐在面向满堂观众的大舞台上，他们在热烈地为我鼓掌……"

———

在我离开麦肯锡公司投入教学生涯的那一年，这家公司的三位合伙人发表了一篇报告，题为《人才之战》（*The War for Talent*）。这篇报告被广泛地传阅，并最终成为一本畅销书。它主要的观点是：在现代化经济中，公司经营的好坏取决于它们吸引并保留"顶级人才"的能力。

"我们所说的天赋指的是什么呢？"来自麦肯锡的作者在书中

开宗明义地问道。他们接着回答了自己提出的问题:"从普遍的意义上来说,天赋是一个人能力的总和,包括他内在的天分、技能、知识、经验、智力、判断力、态度、品格和驱动力,它也包括了一个人学习与成长的能力。"这是一张很长的清单,显示了大多数人在试图给天赋下明确定义时所遇到的困难。但我对"内在的天分"被列在清单之首并不感到意外。

当《财富》杂志把麦肯锡公司放在封面上时,它的封面文章是这样开始的:"在麦肯锡年轻的合伙人面前,大家的感觉是,如果灌上一两杯鸡尾酒,他就会把身子前倾,靠在桌面上,说出一些让人尴尬的话来,诸如比较人们的SAT分数等。"文章还说,"麦肯锡文化中对分析能力或公司内部所说的'聪明'的强调",简直到了无以估量的程度。

麦肯锡以招募和奖赏聪明的员工而闻名。在这些人中,有相当一部分是哈佛大学或斯坦福大学的MBA(工商管理硕士),其余的人像我一样,也拥有着可以证明自己有一个不同寻常的大脑的资历。

跟大多数人的面试一样,我在麦肯锡的面试也遇到了一连串为测评分析才能而设计的脑筋急转弯。面试官问我:"美国每年制造多少个网球?"

"我想这个问题有两种解决方法。"我回应道,"第一个方法是找到一个知情人或者一个行业组织来告诉你。"面试官点了点头,但他的眼神分明在说,他想听到另外一个答案。

"还可以做一个基本的设想,然后做一些数学运算来找出答案。"

面试官露出了灿烂的微笑，由此可见，他得到了他想得到的答案。

"好吧，假设美国有 2 亿 5 000 万人。让我们假设最活跃的打网球的人年龄在 10~30 岁之间，那么，大体上说，他们就占了美国总人口的 1/4。这样，我们就可以估算出，大约有 6000 多万名潜在的网球运动参与者。"

现在，面试官变得兴奋起来了。我继续阐述我的逻辑游戏：根据完全没有依据的估计，对有多少人打网球、他们平均多久打一次、每次用多少个球，以及他们多久需要更换一个损坏或丢失的球等，我做出了相应的运算。

我得到了一些数据，也许错得离谱，因为每一步我都是在依据某种程度上根本就是错误的假设。最终，我对面试官说："这种数学对我来说并不困难，我正在为一个小女孩做家教，我们经常在一起练习心算。但是，如果你想知道这个问题的确切答案，那我得告诉你，我会打电话向一位知情人请教。"

面试官笑得更灿烂了，并且表示，他已经从我们的互动，以及我的申请材料中得到了他所需要的信息。我的申请书里包括我的 SAT 得分，因为麦肯锡会依据这个分数对候选人做早期筛选。换句话说，如果给美国企业的建议是创造一个重视天赋多于其他任何品质的企业文化，那么，麦肯锡便是依此建议而为的一个范例。

————

我刚一接受麦肯锡纽约公司的工作，就被告知第一个月我将在佛罗里达州克利尔沃特的一间豪华酒店里度过。在那里，我与几十名刚被公司雇用的人会合了。与我一样，大家都缺乏商业训练，但我们每个人都拥有一些亮丽的学历，比如，坐在我两边的，一位是物理学博士，一位是外科医生，而坐在我身后的，是两位律师。

我们都对管理一无所知，也不熟悉任何产业，但这种情况即将被改变——在一个月之内，我们将完成一门叫作"迷你MBA"的速成课。既然我们都被鉴定为超快的学习者，那么，在很短的一段时间内成功地掌握大量的信息应该不成问题。

在刚刚学到一些泛泛的关于现金流、收入与利润的区别，以及有关"私营企业"的一些粗浅的知识后，我们便被分配到世界各地的分公司，加入咨询顾问的团队，与客户企业匹配，帮客户解决各种问题。

我很快了解到，麦肯锡公司的基本商业运作是很直白的。很多公司以每月很高的价格聘请麦肯锡团队为它们解决棘手的问题。在咨询"契约"结束前，我们需要完成一篇比客户公司内部人员所撰写的方案更具洞察力的报告。

有一次，我们给一家市值数十亿美元的医疗产品集团写了一份大胆而广泛的建议方案，当我在整理这份报告的幻灯片摘要时，我突然意识到，连我自己都不知道自己在说些什么。也许团队中的资深顾问知道的会多一些，但团队中还有刚从大学毕业资历更浅的顾问，他们一定比我知道的更少。

那么，这些公司为什么要付这么高的费用来雇用我们呢？理由之一是，我们的优势在于我们拥有未被公司内部政治所污染的旁观者的见解，我们也有根据假设和数据来解决商业难题的方法。不过，最主要的原因是，这些公司的老总们认为我们比公司的在职人员更聪明。雇用麦肯锡就意味着雇用了世界上"最优秀和最聪明的人"，仿佛最聪明的人也就一定是最优秀的。

———————

根据《人才之战》的阐述，那些卓越的公司会猛烈提拔最具天赋的员工、剔除最没天赋的员工。在这类公司中，工资上的巨大差距不但是正当的，而且是受追捧的。为什么会这样？因为激烈竞争、赢家通吃的环境能够鼓励并且留住那些最具天赋的员工，同时迫使缺少天赋的员工离职去寻找新的岗位。

达夫·麦克唐纳是对麦肯锡做过深入研究的一位记者，他表示，对这种特定的商业哲学，更贴切的标题应该是向"常识宣战"。麦克唐纳指出，在麦肯锡报告中提及的为其策略背书的榜样公司，在那篇报告发表后的几年，业绩并不好。

新闻工作者马尔康姆·格拉德威尔也批评了《人才之战》。他指出，安然（Enron）公司便是一个以麦肯锡所倡导的"天赋论"为管理手段的缩影。众所周知，安然的结局并不完美。作为世界上曾经最大的能源交易公司，安然连续6年被《财富》杂志评为美国最具创新力的公司。但是，在2001年底该企业申请破产时，事实终于明了，原来，该公司高额的利润只是其大规模和系统性账目造假的结果。安然垮台后，数千名无辜的员工失去了他们的工作、医疗保险，以及退休养老金。这成为当时美国历史上最大的企业破产案例。

我们既不能把安然的崩塌怪罪于员工过度聪明，也不能怪罪其缺乏坚毅的品格。但是，格拉德威尔极具说服力地表示，安然员工需要证明自己比其他人都聪明，这种要求在不经意间促成了一种自恋的企业文化，在这种氛围中，大量员工一方面极其自命不凡，另一方面又有着深深的不安全感，因此他们需要不断地自我炫耀。这种文化怂恿了员工短期的表现，压抑了他们长期的学习与成长。

安然破产后，类似的观点也出现在一部被贴切地命名为"房间中最聪明的人"（*The Smartest Guys in the Room*）的纪录片中。在安然最辉煌的时期，其首席执行官杰夫·斯基林曾是麦肯锡公司的咨询顾问，此人极具才智，但傲慢自负。斯基林为安然建立了一套表现评估系统，每年都会对员工进行评估，并且当场解雇业绩最差的那15%的员工。换句话说，不管你的实际表现水平如何，只要你和别人比起来更差，你就会被炒鱿鱼。在安然内部，这种做法被称为"排队定去留"（Rank–and–Yank）。斯基林认为，这是该公司最重要的策略之一；但最终，它可能也促成一个奖赏欺诈、有碍诚实的工作环境。

――――――

天赋是个坏东西吗？我们都有同等的天赋吗？这两个问题的

答案都是否定的。有能力很快地掌握一门技能显然是一件好事,而且,总有一些人会比另外一些人更强。

既然如此,为什么说偏袒天才而非奋斗者是不好的呢?为什么我们不应该在孩子们只有七八岁的时候,就把他们分为极少一部分"有天资的"和绝大多数"天资平庸的"两类呢?那些所谓的"才能秀"究竟有何危害之处呢?

在我看来,过分注重天赋之所以有害,最大的原因就是,当我们把关注之光都聚焦在天赋上时,我们就有可能将其他一切都忽略在了阴影里。我们在不经意间就会发出信号:其他的一些品质,如坚毅,并不像它们在现实中表现得那么重要。

让我们看看斯科特·巴里·考夫曼的故事。斯科特的办公室与我的办公室只隔了两扇门,他是一位心理学家,把大部分时间都花在了阅读、思考、收集数据、做统计和写作上。他将自己的研究发表到了科学期刊上,他认识很多长的多音节单词,他拥有卡内基-梅隆大学、剑桥大学和耶鲁大学的学位,他的业余爱好是拉大提琴。

但是,斯科特儿时曾被看作一个学习迟钝的人,当然,这也是事实,斯科特解释说:"我小时候常患耳炎,这导致我无法及时地处理声音信息,所以我总是比班里其他的孩子慢一两拍。"因为学习进度太慢,他被安排到了特殊教育班。三年级时,他就留级了。之后,他在学校心理学家那里做了智力测验。在这次被他描述为"令人痛苦"的诱发焦虑的测验中,斯科特表现得很差,结果被送到了一所专门为学习障碍儿童设立的特殊学校。

斯科特14岁时，一位观察力敏锐的老师把他叫到一边，问他为什么没有在更具挑战性的班级里就读。在那之前，斯科特一直认为自己缺乏天赋，将来在生活中不会有什么成就。

遇到一位相信自己潜力的老师，成为斯科特人生中重要的转折点：他的心态从"你只能如此"变为"谁知道你还能怎样"。从那时起，斯科特开始了人生中的第一次思考："我是怎样的一个人？我真的是一个有学习障碍且毫无前途的人吗？还是事实并非如此？"

为了寻找答案，斯科特报名参加了学校里所有具备挑战性的课程和活动：拉丁文课、音乐课、合唱团。虽然不是门门优秀，但他都有所收获。这让斯科特明白，他并非没有希望。

此外，斯科特发现他学大提琴并不费力。斯科特的祖父曾是费城交响乐团的大提琴手，于是，斯科特就让祖父教自己拉大提琴。初学大提琴时，斯科特每天都会练习8~9个小时，他下定决心，一定要让自己的琴技有所进步，这不仅是因为他喜欢大提琴，还因为"我实在是太想让别人知道，我的智力足以让我做好任何事情"。

他确实进步了。之后，斯科特进入了高中的交响乐团。如果故事就到此结束的话，似乎跟坚毅力没多大关系。不过，还有后续的故事：斯科特继续努力，甚至增加了练习的时间。十二年级时，他已成为乐队里的第二号大提琴手，同时也是合唱团的成员，他赢得了音乐系颁发的各种奖项。

他在学校里的学习成绩也开始转好，包括很多高难度的资优课程。斯科特所有的朋友几乎都在资优班就读，斯科特也很想与他们同窗共读，谈论柏拉图，做智力挑战游戏，并且在现有的基础上学习更多的新知识。当然，根据他儿时的智力测验结果来看，想做到这些是根本不可能的。他还记得，那位学校心理学家在一张餐巾纸的背面画了一条钟形曲线，并指着它的顶端说，"这代表普通水平的智商。"然后，他指向曲线的右侧说，"如果想进入资优班，你得在这里。"接着，他移向左边说，"这是你的位置。"

斯科特问道："在哪一点上，意味着已经取得的成就比未来的潜力更重要？"

那位心理学家摇着头，并示意斯科特离开他的办公室。

那年秋天，斯科特决定研究这种叫作"智力"（Intelligence）的东西，并且要得出自己的结论。他申请了卡内基-梅隆大学的认知科学系，但没被录取。当然，拒绝信上并没有说明拒绝招他的具体原因，但是以他出类拔萃的成绩和课外活动表现来看，斯科特只能猜测问题出在他较低的SAT分数上。

"我很坚毅。"斯科特回忆说："我对自己说，我一定要做到，我一定要想办法进入卡内基-梅隆大学的认知科学系。"接下来，他在卡内基-梅隆大学的歌剧系参加了面试，因为歌剧系不那么看重SAT分数，而更重视学生的音乐才能和表达能力。在卡内基-梅隆大学的第一学年，斯科特选修了一门心理学课程。不久之后，他把心理学作为辅修专业，接着，他将自己的主修专业从歌剧转成了心理学。最后，他以优等生、斐陶斐荣誉会会员的身份毕了业。

────────

和斯科特的经历一样，我小时候也曾做过智力测验，并同样因为"不够聪明"而不能进入资优班。不知是什么原因——或许是某位老师要求对我进行重新测试，第二年我被重新评估了一次，并且达到了标准。我想你可以说，我的天资处于边缘区。

对这类故事的一种解读是：天赋本身是件好事，但对天赋的测试很糟糕。是的，有一种观点认为，对天赋的测试以及心理学研究中的其他测试，包括对坚毅力的测试，都是极不完善的。

但另一种结论是，对天赋的关注会将我们的注意力从一些至少与天赋同等重要的品质上转移开来，这种重要的品质就是努力。

第 3 章

卓越是磨炼出来的

我几乎每天都会读到或听到"天赋"这个词。报纸上的每一个版块——从体育版到商业版,从周末副刊中演员和音乐家的专访到头版上冉冉升起的政治新星的故事,对天赋的描述数不胜数。任何人似乎只要取得了一点儿成绩,我们就会急于给他涂抹上非凡"天赋"的油彩。

事实上,当我们在过分强调天赋时,其实就是在淡化其他的因素。在内心深处,我们认为以下推论是真实的:

天赋 ⟶ 成就

例如,我最近听到一位电台评论员在比较希拉里·克林顿和比尔·克林顿时说，他观察到，这两个人都是非常出色的沟通者，但是，比尔是一位天才的政治家，而希拉里则必须努力改变自己才能进入角色。比尔是一个天造之才，希拉里只是一个奋斗者。尽管他没有直说，但我能明显感到，他这句话的含义是：希拉里永远无法与克林顿相比。

我发现自己也在这样做。当有人令我佩服时，我可能会不由自主地说："他真是个天才！"我本应该对人有更科学的判断的，我是有这方面的知识的，但我为什么还是会有这样的反应呢？为什么我们的潜意识都偏向于对人做天赋上的解读呢？

———————

几年前，我读过一篇关于竞技游泳运动员的研究，题为"卓越的俗常性"（The Mundanity of Excellence）。这篇文章的标题扼要地概括了它的主要论点：人类最耀眼的成就事实上是无数单个元素的集合体，而其中的每一个元素，在某种意义上都是普通的。

从事这项研究的社会学家丹·查布里斯观察说："优异的表现实际上是几十个小技能或小活动的汇聚，这些技能或活动是习得的或偶然悟到的，经过认真的锤炼，成为习惯，然后契合在一起成为一个综合的整体。在其中任何一个行动中，都没有什么非凡的超人存在，只有一个事实，那就是，他们持续不断地把事情做对、做好，然后这一切加在一起，产生了卓越。"

但"俗常性"是一种很不炫的说法。丹在完成了他的分析后，将书中的几章内容与同事做了分享。他的同事说："你要让你的书生动活泼，听起来更有趣……"

当我打电话给丹，想探询一些他的想法时，我了解到丹本人曾是一名游泳运动员，并在几年后成为兼职教练。他对研究天赋的真正定义颇为着迷。作为一位年轻的助理教授，丹决定对游泳运动员进行深入的定性研究。丹总共花了6年的时间采访、观察，并且与与运动员和教练一起生活和旅行，他的研究对象从当地的游泳俱乐部到由奥运选手组成的精英队，非常全面。

丹说："天赋，也许是我们对体育成就最普遍的民间解读。"仿佛天赋是一些无形的"在人们表现的背后的东西，这种东西最终会使最优秀的运动员脱颖而出"。这些伟大的运动员似乎"拥有一种特别的天分，类似一种在他们身体里的'东西'——可能是身体的、基因的、心理的或生理的，而且这种东西不为其他人所拥有。有些人有它，有些人没有；有些人天生是运动健将，有些人则不是"。

我认为丹是完全正确的。当我们无法解释为什么一个运动员、音乐家或其他人能做出让人瞠目结舌的上乘表现时，我们总是倾向于举手投降说："这是天分啊！没有人可以教你做到这般。"换句话说，当我们看不出经验和训练是如何让一个人达到明显超出常态的卓越水平时，我们就会自动给那个人贴上"天才"的标签。

丹指出，卓越的游泳运动员的传记揭示了许多有助于他们最终成功的因素。例如，最有成就的游泳运动员几乎都拥有对体育感兴趣的家长，这些家长还赚了足够多的钱来支付孩子的教练费和参游泳活动的旅行费等，而且，这些孩子都能够方便地使用游泳池。最重要的是，年复一年，这些孩子会花费数千个小时的时间练习游泳……所有这些付出最终研磨出众多的单个因素，而它们的总和便创造出了无瑕疵的优异表现。

用天赋来解读令人赞叹的表现似乎是错误的，但也是可以理解的。丹解释说："如果人们接触顶级运动员的唯一机会就是每4年在电视上看一次奥运会，或是只能看到运动员在比赛，而看不到他们的日常训练，那么人们就很容易有这样的误解。"

他指出，事实上，一个人要在游泳方面获得成功，所需要的最基本的能力其实比大多数人预想中要低。

我问："你不是说我们中的任何一个人都可以成为'飞鱼'迈克尔·菲尔普斯吧？你不是这个意思吧？"

"不，当然不是。"丹回答，"首先，某些身体上的优势，你确实无法通过训练得到。"

我继续问："而且，在得到同样指导、付出同样努力的前提下，一些游泳运动员会比其他人进步更大，是不是这样？"

"是的，但最主要的是，卓越是磨炼出来的。卓越是由许多个单项技艺构成的，而每一个单项技艺都是可以训练出来的。"

丹的要点是，如果你有一部可以放映那些产生卓越的每小时、每天、每周、每年的时光穿梭机，你就可以看到，一个高水平的表现，实际上是平凡的行动的积累。但是，我想知道，平凡的单个因素的逐步精通就可以解释一切吗？这就是卓越的所有秘诀吗？

"好吧，我们都喜欢神秘的魔法。"他说，"我也是。"

丹告诉我，有一天，他看到罗迪·盖恩斯和马克·施皮茨在一起游泳。"在1972年的奥运会上，施皮茨赢得了7枚金牌，这在迈克尔·菲尔普斯之前是泳坛的一件奇迹。"他解释道，"1984年，在施皮茨退役12年之后，他又复出了，那时他已34岁。他和盖恩斯一起比赛，而盖恩斯当时是100米自由泳的世界纪录保持者。他们游了几个50米，像个小比赛。尽管盖恩斯大部分时间都领先，但整个游泳队都更关注施皮茨的表现。"

团队中的所有人都和盖恩斯一起训练，他们清楚地知道他游得有多好，他们知道他是赢得奥运金牌的大热门。但因为年龄差距，游泳队里没有人与施皮茨一起游过泳。

一位游泳运动员指着施皮茨，转身对丹说："天哪，他简直就是一条鱼！"

我能听出丹话语中的赞叹。即便是一个主张卓越来自俗常练习的专家，似乎也很容易陷入用天赋做解释的情境之中。我进一步催问他："那是一种天赐神助般的表现吗？"

丹让我去读尼采的著作。

尼采？这个19世纪的德国哲学家能说出足以解释马克·施皮茨奇迹的话来吗？结果我却发现，尼采也曾长久地苦思过同样的问题。

————

"当一切都很完美时，"尼采写道，"我们不会探询它是如何得来的"，相反，"我们欣喜于当下的事实，就好像它是由魔法凭空带来的"。

我一边读着这个段落，一边想象着那些年轻的游泳选手正看着他们的偶像施皮茨在水下展现自己几乎不似人类的泳姿。

尼采说："没有人能在艺术家的作品中看到它是如何产生的。这是它的好处，因为当人们看到一个行为的形成时，他们的兴趣就会降温。"换言之，我们想要相信，马克·施皮茨一生下来就会以一种其他人无法达到的水平游泳。我们不想坐在游泳池边上，看着他从业余选手到顶级运动员的进步，我们更喜欢浑然天成的卓越，我们喜欢神秘而非俗常。

这是为什么呢？是什么原因让我们宁愿愚弄自己，也不愿意相信马克·施皮茨的优势是他自己努力的结果呢？

尼采说："我们的虚荣，我们的自恋，促成了对天才的崇拜。因为如果我们认为才能是一种神奇的东西，我们就没有必要将自己与他人相比较，从而发现自己的不足……称某人有'天分'的意思是，在这里，你没有必要与他竞争。"

换句话说，编织一个天赋才能的神话让所有人都解脱了，它让我们放松地接受现状。这无疑是在我早期的教学生涯中发生的，当时我错误地把"天赋"和"成就"等同起来，这样一来，就把学生和我自己的努力都从进一步的思考中剔除了。

那么，卓越的真意是什么呢？尼采得出了与丹·查布里斯相同的结论。卓越的成就是由这样一些人做出来的："他们的思维聚焦在一个方向上，尽其所能，总是热忱地观察自己以及其他人的内心生活。他们在哪里都能感知到榜样和激励，积极地将可用的手段组合在一起。"

那么天赋呢？尼采认为，我们在考虑榜样的时候，不妨先想想工匠："不要再谈论生而有之的天赋了！各个领域都有天赋并不明显的伟人。他们'获得了'伟大，'成了'天才……他们都具有高效的工匠所具有的严谨性，在完成一个优异的整体之前，他们先将各个部分正确地建构起来；他们允许自己花费时间，因为他们更享受做好小的细节，而不是耀眼的整体。"

———

研究生二年级时，我每周都会和导师马丁·塞利格曼会面。当时，我可不只是有一点儿小紧张。塞利格曼会让人紧张，特别是他的学生。

他当时60多岁，已经赢得了心理学界的多项盛誉。他的早期研究带来了对临床抑郁症的全新理解。作为美国心理学协会的主席，他开创了积极心理学（Positive Psychology），一个运用科学的方法研究人类幸福与发展的学科。

马丁身材壮硕、声音低沉，他主要的研究方向是快乐和幸福，但我不会用"快乐的"这个词来描述他。

一次，我向他汇报了上周的工作，以及其中一项研究的下一步计划。突然马丁打断了我："两年了，你都没有一个好的理论。"

我盯着他，张大了嘴巴，试图理解他刚刚说的话，然后我眨了眨眼睛。两年？我来读研究生还不到两年呢！

沉默。

他交叉双臂，皱着眉头说："你能做各种时髦的统计，你能在一所学校里让每个家长都签署被试同意书，你已经做了一些有见地的观察。但是，你没有一个理论，你没有一个关于成就的心理学理论。"

沉默。

"理论是什么？"我忍不住问道，完全不知道他在说什么。

沉默。

"别天天读书了，多去思考吧。"

我离开了他的办公室，哭了起来。回到家里，我哭得更厉害了。我低声地诅咒塞利格曼，还大声地骂他——他为什么只说我做错了什么，他怎么不表扬我做对了什么呢？

"你没有一个理论……"

这些话在我的脑海里回荡了数日。最后，我擦干眼泪，停止咒骂，坐回了电脑前。我盯着闪烁的光标，意识到我的研究还远远没有超越对"天赋不足以让人成功"这一现象的基本观察，我没有发现天赋、努力、技能和成就究竟是如何被联系在一起的。

———

一个理论就是一种解释。一个理论需要观察和考量大量事实，并用最基本的术语对事物的本质做出解释。尽管理论是不完整的，是被简化了的，但它能帮助我们更好地理解事物。

如果天赋不足以解释成就，那么，缺失的是什么呢？

自从被马丁训斥后，我就一直在努力工作。我画了一页又一页的图表，写满了十多个笔记本。经过十多年的思考（有时一个人，有时与亲密的同事搭档），我最终发表了一篇文章。在其中，我列出了以下两个简单的方程式，用以解释一个人的天赋是如何转变为成就的。

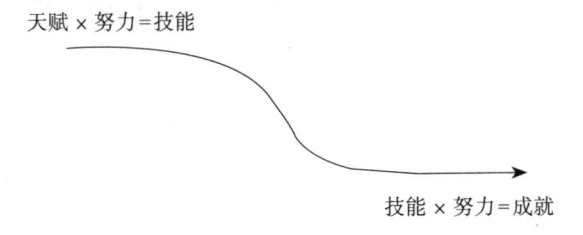

天赋 × 努力 = 技能

技能 × 努力 = 成就

天赋是指，当你投入努力的时候，你的技能能够得到多快的提高。成就是指，当你努力运用获得的技能时所产生的结果。当然，机遇也是极其重要的，比如，遇到一位好教练或好老师。我的理论并没有去讨论这些外部力量，也不涉及机遇的问题。

我认为，当不同的个体处在相同的情况下时，一个人能取得多大的成就只取决于两件事：天赋和努力。天赋绝对重要，但是，努力更重要。努力的因素需要被计算两次，而不是一次。努力产生了技能，同时，努力又使技能化为生产力。我来举几个例子吧。

美国明尼苏达州有一位著名的陶艺家华伦·麦肯齐，他已经92

岁了。多年来，他一直在做陶艺，从未间断过。早期，他和他的艺术家妻子尝试了很多不同的东西："你知道，当你年轻的时候，你认为自己什么都能做。我们认为自己将成为陶艺家、画家、服装设计师、珠宝师，我们将成为文艺复兴时代的全能人。"

事情很快就变得明朗起来：把一件事做得好上加好，比停留在许多不同领域的业余水平更令人满意。"最终我们放弃了绘画，放弃了绢印，放弃了服装设计，把精力集中在陶艺上，因为这才是我们真正的兴趣所在。"

麦肯齐告诉我："好的陶艺师一天可以制作40~50个陶器，其中有些很好，有些一般，有些很差。"只有少数陶器值得出售，在这其中，又只有个别陶器能"在多年日常使用后仍能给人带去持续的美感"。

当然，麦肯齐之所以被称为"艺术大师"，不仅是因为他的作品数量，更重要的原因在于这些陶器本身的美丽。他说："努力让作品妆点人们的家居，这是我所能做的最兴奋的事情。"不过，你仍然会说，麦肯齐所做的那些持久、亮丽、精美、有用的陶器的总数量，就是他的成就。作为一位高水平的陶艺师，如果他一生只制作了一两件陶艺作品，他是不会感到满足的。

如今，麦肯齐还是每天都会制作陶器。经过努力，他的技艺不断改进："我想起我们最初做的一些陶器，它们很糟糕的，但当时我们认为它们挺好的，它们显示了我们当时的最佳水平。那个时候，我们的想法很简单，那些陶器也是这样，它们不像我现在的作品这么有内涵。"

"前一万个陶器是很难做的。"他说,"之后就会变得更容易了。"

当事情变得容易,当麦肯齐的技能得到改进,他就能够制作出更多上好的陶艺作品。

天赋 × 努力 = 技能

与此同时,他为世界奉献的好陶器的数量也增加了:

技能 × 努力 = 成就

通过努力,麦肯齐在实现自己的目标上做得越来越好,那就是:"让我用最美的陶器去妆点人们的家居。"同时,这份努力也让他获得了比过去更高的成就。

────────

"盖普是一个讲故事的天才。"

这行文字来自约翰·欧文的第4部小说《盖普眼中的世界》(The World According to Garp)。欧文被誉为"美国当代文学界最伟大的小说家。"迄今为止,他已经写了十几部小说,其中大部分成为畅销书,有一半已经被拍成电影。《盖普眼中的世界》赢得了美国国家图书奖,欧文的剧本《总有骄阳》(Cider House Rule)还获得了奥斯卡奖。

与小说中的虚构人物盖普不同,欧文不是天生的小说家——盖普"可以编故事，一个接一个，而且听上去还能彼此呼应"，而欧文则把他的小说重写了一稿又一稿。在写作的早期，欧文"重写了全篇……并开始认真看待自己缺乏天赋这件事"。

欧文回忆，他在高中时，英语成绩是"C－"。他的SAT阅读考试分数是475分，满分是800分，这意味着有2/3的考生都比他考得好。因此，他需要在高中多待一年以便获得足够的毕业学分。欧文说，当时老师都认为他"既懒惰又愚蠢"。

事实上，欧文既不懒惰也不愚蠢，但他有严重的阅读障碍："我是一个落后者……同学们能在一个小时内读完的历史资料，我得给自己留出两到三个小时，而且我会做一份经常拼错的单词表。"当欧文的儿子被诊断出患有阅读障碍后，他终于明白为什么他自己当年会被认为是一个差生。欧文儿子的阅读速度明显要比其他同学慢，"他读书的时候，得用手指跟着句子走。我也是。除非是我自己写的句子，否则无论我读什么都是非常缓慢的，还得用上我的手指"。

阅读和写作的不易让欧文体会到："要做好任何事情，你都必须特别投入……就我个人而言，我必须付出双倍的努力。我领会到，当你一遍又一遍地做着同一件事时，那些并非与生俱来的特质便会变成你的第二天性。你知道你有这个能力，但它不会在一夜之间出现。"

那些早熟的天才明白这些道理吗？他们是否发现，一遍遍地重复做事的能力、努力奋斗的能力，以及耐心都是可以习得的，而不是在一夜之间？

某些天才可能会领悟到这一点，但早期经历过挣扎的人可能更有体会。欧文说："我有信心把小说写好，是因为我相信我的耐力能让我反复做一件事，不管它有多么困难。"在出版了第10部小说后，欧文说："作为一个作家，修改是我做得最好的事，我会花比写初稿更多的时间来修改一部小说或电影剧本。"

虽然欧文不能像其他人一样流利地读写，但"这已经成了他的优势。在写一部小说的时候，放慢节奏不是坏事。作为一个作家，你必须反复修改作品，这是没有坏处的"。

长期的努力让欧文成为最有技巧也最高产的作家之一。因为努力，他成为一个伟大的小说家；也是因为努力，他得以创作出感动无数读者的故事，包括我在内。

美国演员威尔·史密斯曾获得格莱美奖以及奥斯卡奖提名，他对天赋、努力、技能和成就之间的关系做了很多思考。"我从不认为自己特别有天赋。我最突出的特点是我那种极度认真的工作态度。"

成就，在威尔的眼里，就是努力的结果。当被问及他有什么优势得以成为娱乐圈精英时，威尔说：

> 我唯一的优势是：我不怕死在跑步机上，我不会被其他人压倒，仅此而已。你可能比我更有天赋，你可能比我更聪明，

你可能比我更性感，你可能拥有所有的优势，你可能在各个方面都比我强。但是，如果我们一起踏上跑步机，那么只会有两种结果：要么你先下去，要么我跑到死。就是这么简单。

1940年，哈佛大学的研究人员就有过同样的想法。在一项旨在了解"健康年轻人的特点"的研究中，为了"让大家活得更快乐、更成功"，他们让130名大学二年级学生在跑步机上跑了5分钟。跑步机程序被设置为角度很陡、速度很快的模式，大多数人只能坚持4分钟，有的人只坚持了1分30秒。

这个设计会让受试者在身体上及精神上都感到筋疲力尽。研究人员用跑步机来测试受试者"意志的耐性和强度"，因为跑步不只关乎有氧能力和肌肉力量方面的功能，也在一定程度上反映出"一个人在被严厉惩罚之前，能在多大程度上激励自己继续跑下去，或因不愿吃苦而产生退出的倾向"。

几十年后，精神科医生乔治·威兰特追踪了之前参与跑步机测试的受试者。当时这些人都已60多岁，自从他们大学毕业后，研究人员每两年和他们取得一次联系，了解后续情况。研究人员记录了他们每个人的收入、职业发展、病假天数、社会活动、对工作和婚姻的满意度、看精神科医生的次数、使用调节情绪类药物如镇静剂等方面的情况。然后，将这些信息综合成对这些人成年后整体心理适应性的评估依据。

结果表明，受试者在20岁参加跑步机测试时所坚持的时间，对他们整个成年期的心理适应性有着令人惊讶的可靠的预测度。虽然在跑步机上的坚持时间也反映了这些人年轻时的身体状况，但这一发现只能表明，健康的身体与此后健康的心理之间存在关联。不过，乔治和他的团队发现，当控制了身体素质的影响因素后，"跑步时间和心理健康的相关性只受到了很小的影响"。

威尔·史密斯说对了——当对人生这场马拉松来说，努力的作用非常关键。

最近，我问乔治："你能在跑步机上坚持多久？"在我的眼里，乔治本身就是坚毅的代表。在他职业生涯的早期，也就是他刚完成精神病学住院医师的实习后不久，他看到了跑步机测试的数据和当时收集到的受试者的信息。随着兴趣和资源的逐渐变化，这项研究像接力棒一样，由一个研究小组传给另一个研究小组，直到落入乔治的手里。

乔治使这项研究重新焕发活力。他通过邮件和电话与当年参与测试的受试者取得了联系，并采访了他们每一个人，为此，他奔波于世界各地。现在，乔治已经80多岁了，而最初参与测试的受试者大多也已经离世了。这是迄今为止时间最长的关于人类发展的连续性研究，目前，乔治正在就此撰写他的第4本书。

在回答我的问题时，乔治回答道："哦，我的坚毅指数没有那么高。当我在做字谜游戏时，总是会去偷看答案。"

所以，在字谜游戏上，他不是那么坚毅。

"而且，家里要是有什么东西坏了，我通常会让我的妻子去修理。"

"你不认为自己是一个坚毅的人吗？"我问道。

"哈佛大学的研究之所以能取得成果，是因为我一直在持续地、坚持不懈地做这件事。这是一个永远能吸引我视线的水晶球，我完全被它迷住了，没有什么比观察人类的成长更有趣的了。"

短暂的停顿后，乔治回忆起他在大学预科学校的日子。当时，作为一名学校的田径运动员，他参加了撑竿跳高比赛。为了提高体能，他和其他运动员一起做引体向上练习，他将其称为"下巴"——因为你得先挂在单杠下面，然后把自己拉到让下巴位于单杠之上的位置，然后再下来，重复拉上去。

"我能做的'下巴'比其他人都多。这并不是因为我的体格健壮，而是因为我此前做了很多引体向上，我练习过了。"

———————

当多产的作家兼导演伍迪·艾伦被问及他对年轻艺术家有什么建议时，他说：

> 我的观察是，当一个人完成了一个剧本或者一部小说时，他就已经走在了将其出版或改编成影视作品的路上了。但是，很多人都告诉我，他们的目标是写作，可他们在最初的阶段就已经出局了，因为他们从来就没有真正地写过一个剧本或一本书。

正如艾伦所说："人生成功的80%靠的是上阵。"

早在20世纪80年代，无论是老布什还是马里奥·克莫，他们在很多的演讲中都会经常重复这个观点，并且把这一说法变成了流行语。因此，虽然美国的共和党和民主党领袖总是会在一些大事上持不同意见，但他们都一致认同，将已经开始的事情坚持下去是很重要的。

我告诉乔治·威兰特，如果我在1940年时参加了哈佛研究小组，我会提出一个建议：如果这些年轻人愿意的话，我会允许他们第二天再回来，然后再上一次跑步机。我觉得有些人会回来，看看自己是否能在跑步机上坚持更长的时间，而其他人则会满足于他们第一次的努力。也许有人会问研究人员，有没有什么生理上或心理上的策略，可以帮助他们坚持更长的时间；也许有些人甚至会愿意尝试第三次、第四次……然后，我会基于他们自愿返回的次数，来计算他们的坚毅力得分，看看能否提高。

我确实认为在跑步机测试中的坚持时间与信守对自己的承诺相关。第二天又回到跑步机旁热切地想再试一次，在我看来，这更能反映一个人坚毅的品质。因为当你第二天选择不再尝试——当你永久性地背弃你的承诺时，你的努力便会化为乌有，你的技能将不再进步，同时，无论你拥有怎样的技能，你也不会再取得任何成果了。

事实上，跑步机是一个很恰当的例子。据了解，有大约40%的人在购买了家庭健身器材后都说，他们最终使用的次数远远低于他们的预期。当然，在一次特定的训练中，我们是否努力鞭策自己，这是很重要的，但我认为，对进步更大的障碍是，有时我们会完全放弃。正如所有教练员或运动员都会告诉你的，坚持不懈是关键。

人们走上一条路，然后彻底放弃，这是多么常见的情况。有多少跑步机、健身自行车和杠铃此时此刻正被尘封在世界各地的地下室里？有多少孩子参加了一项运动，然后在赛季还没有结束的时候就退出了？有多少人承诺要为朋友织一件毛衣，但只织了半个袖子就扔下了？有多少人开始了一件崭新的、令人兴奋和期待的事，然后在遇到真正的障碍（也是进步中的第一个高原期）时，就永久性地放弃了？

我们中的许多人，似乎都经常过早地放弃了自己的承诺。比头一回在跑步机上的不懈努力更重要的是，是在第二天以及接下来的每一天，我们都能再次回到跑步机上，坚持狂奔。

―――――

如果我的计算大致正确，那么，一个人若有别人两倍的天赋，那么就算只有别人一半的勤奋，可能也会达到同样的技能水平。但是，随着时间的推移，这个人的收获将明显地少于别人。这是因为那些奋斗者在提高技能的同时，还在努力地运用着自己的技能——做陶艺、写书、拍电影、开音乐会。如果那些陶器、书籍、电影和音乐会的质量和数量是用来计算成功的指标，那么与天才拥有同等技能的奋斗者从长远来看，将会取得更大的成就。

威尔·史密斯指出:"天赋和技能是不同的,这是那些试图超越自我、拥有梦想、想要成功的人没有弄清楚的概念之一。天赋是你天生就拥有的,而技能只能在一个又一个小时的练习中发展起来。"

我想补充的是,技能和成就也不一样。如果没有努力,你的天赋就无法发挥出来,它只是你未实现的潜能。如果没有努力,你的技能也同样没有价值,它只是你能做却没有做到的事。通过努力,天赋会演化为一种技能;与此同时,努力能够将人的技能转化为成果。

第 4 章

测测你的坚毅力

我最近在沃顿商学院给大学生做了一个关于坚毅的演讲。我还没来得及在讲台上整理好我的笔记，一个打算创业的年轻人就冲上来向我做了自我介绍。

他很有魅力，充满活力和热情，这让我觉得教年轻人很有意义。他一口气给我讲了他的故事，以此证明他拥有惊人的坚毅品格。这一年，他花了大量的时间和精力，为创业筹集了数千美元，在这个过程中，他还熬了好几个通宵。

我觉得他很有干劲儿，但我告诉他，坚毅更关注持久的耐力，而不是强度。"如果你以同样的干劲儿在那个项目中坚持了一到两年，请发电子邮件给我。到那时，对你的坚毅，我更有话说。"

他很困惑："但是，我可能不会在几年里做同样一件事。"

他说到点子上了。很多起初看起来很有前途的事业最后没有发展下去，很多乐观的商业计划最终被扔到了垃圾桶里。

"好吧，也许你不会一直做这个特别的项目。但是，如果你不在同一个行业干下去，如果你追求的多个目标是完全不相关的，那么我就不能肯定你的故事是否代表了坚毅。"

"你是说，我需要待在同一家公司？"他问。

"那倒不一定。但总在目标之间跳来跳去——从一个领域跳到另一个完全不同的领域，那可不是坚毅的人常做的事。"

"要是我经常换工作怎么办？虽然有所变动，但我都会特别努力地工作，可以吗？"

"坚毅不仅包括特别努力地工作，那只是它的一部分"。

"为什么？"

"要做好一件事，没有捷径可走。若要提高专业知识水平，解决困难，就需要时间，比你想象中要花的时间更多。然后，你必须运用这些技能，并提供有价值的商品或服务。记住，罗马不是一天建成的。"

他认真地聆听，我继续说："坚毅意味着，你通过行动表现出你想完成目标的决心，并且愿意一直信守这个目标"

"就是做你热爱的事，我明白了。"

"对，就是做你热爱的事，不只是陷入所爱，而是持续地去爱。"

————

你有多坚毅？下面是我在西点军校的研究中开发出来的坚毅

力量表（我在本书中提到的其他研究，用的也是这个表）。请阅读以下表格左侧的句子，并在右侧勾选你觉得合理的选项。不要过度深思这些问题，你只需问问自己，与大多数人相比（而不仅是与同事、朋友或家人进行比较），你是怎么样的。

	一点儿都不像我	不太像我	有点儿像我	很像我	特别像我
1.新的想法和项目有时会让将我从原先的想法和项目中分心。	5	4	3	2	1
2.挫折不会让我气馁，我不会轻易放弃。	1	2	3	4	5
3.我经常设定一个目标，但后来又会选择另一个不同的目标。	5	4	3	2	1
4.我是一个努力工作的人。	1	2	3	4	5
5.需要花费几个月时间才能完成的项目会让我比较难以集中精力。	5	4	3	2	1
6.无论我开始做什么，我都会把它做完。	1	2	3	4	5
7.我的兴趣每年都在变化。	5	4	3	2	1
8.我很勤奋，而且从不放弃。	1	2	3	4	5
9.我曾在短时间内迷上了一个想法或项目，但后来又失去了兴趣。	5	4	3	2	1
10.为了征服一个重要的挑战，我曾经战胜了种种挫折。	1	2	3	4	5

请将上面所有项目的得分加起来，除以10，计算出你的坚毅

力。这个测试的最高得分为 5 分（异常坚毅），最低得分为 1 分（一点儿都不坚毅）。

你可以用下面的图表将自己的分数与美国成年人的大样本进行比较。

百分位数	坚毅力得分
10%	2.5
20%	3.0
30%	3.3
40%	3.5
50%	3.8
60%	3.9
70%	4.1
80%	4.3
90%	4.5
95%	4.7
99%	4.9

请记住，你的分数反映的是现在的你如何看待自己。你此时的坚毅力得分可能与你年轻时的坚毅力得分有所不同。如果你过一段时间再进行一次测试，那么就可能会得到一个不同的分数。就像这本书接下来将要讨论的那样，你有充分的理由相信，坚毅力是可以改变的。

坚毅有两个组成部分：激情和毅力。如果你想挖掘得更深入一

注：如果你的得分分为 4.1，说明你比这个样本中 70% 的人更坚毅。

点儿，不妨计算一下自己在每个部分的单项得分。你的激情得分是将你在奇数题上的得分相加，再除以 5。你的毅力得分是将你在偶数题上的得分相加，再除以 5。

如果你在激情上的得分较高，那么你在毅力方面可能也会获得高分，反之亦然。不过，大多数人的毅力得分可能会比激情得分稍高一些。比如说，我在写这一章的时候也做了测试，我的总分是 4.6 分，其中，毅力得分是 5.0 分，而激情得分只有 4.2 分。这听起来可能有点儿奇怪，对我来说，随着时间的推移，专注于一个目标比努力工作、克服挫折更为困难。这种毅力得分往往高于激情得分的普遍模式，也说明了：激情和毅力并不是一回事。

———————

当你在测试自己的坚毅力时，可能已经注意到，有关激情的问题中，没有一个问你对目标的投入有多强烈。这可能显得有些奇怪，对很多人来说，激情是"痴迷"或"着魔"的代名词。但在关于如何才能成功的采访中，高成就者对"激情投入"的含义给出了不同的见解。他们在谈话中多次提及的不是投入的强度，而是长期的坚持。

例如，我曾听一些厨师说，他们从小就喜欢在电视上看茱莉亚·切尔德的节目，对烹调的痴迷一直延续到了成年以后。我也曾听说，在长达四五十年的投资生涯中，一些投资者对金融市场的好奇心，与他们第一天做交易时并无二致。我还曾听说，有一些数学家在某个问题上不分白天黑夜地研究了很多年,他们从未想过:"噢,让这个问题见鬼去吧,我要去做别的事情了。"

那些有关激情的问题问的是,你能否稳定持久地追求你的目标。可是,激情这个词能够适当地形容持续、恒久的坚持吗?有人可能会说,我应该找一个更好的词,也许是这样,但重要的是,这个观点本身——一时的热情是常见的,持久的坚忍才是罕见的。

我们不妨听听杰夫瑞·盖特曼的经历。在过去的十几年,杰夫瑞一直是《纽约时报》东非办事处主任。2012年,他以对东非冲突的报道获得了普利策国际报道奖。在国际新闻圈里,他是一个明星——人们敬佩他冒着生命危险做追踪报道的勇气,以及报道恐怖事件时的坚强意志。

在我20岁出头时,就认识了杰夫瑞。当时,我们俩都在牛津大学攻读硕士学位。那时候,我们都不知道毕业后想做什么,我们都拼命地想要弄清楚自己对未来的规划。

最近,我打电话给杰夫瑞,他正在内罗毕,那里是他在非洲地区的大本营。每隔几分钟,我们就要互相确认一下对方是否能听得到。寒暄之后,我让杰夫瑞思考一下"激情"这个概念,以及激情是如何在他的生活中发生作用的。

"很久以来,我都很清楚自己想待在哪里。"杰夫瑞告诉我,"我的激情就是在东非生活和工作。"

"哦,我以前认为你的激情是新闻业,而不是在世界上的某一个地区生活。如果要你在做一名记者和在东非生活中二选一，你会选择哪一个？"

我以为杰夫瑞会选择做记者，但是，他没有。

"你看，新闻这个行业非常适合我，我一直喜欢写作。身处一种新的环境，我一直都感觉挺好，即使新闻领域具有冲突性的一面，也很适合我的个性，我喜欢挑战权威。但我认为，在某种意义上，从事新闻行业只是我追求终极目标的一个手段。"

杰夫瑞的激情是经过了一段时间后才浮现出来的，它不是一个被动发掘的过程，而是杰夫瑞主动建构出来的。杰夫瑞不仅是去寻找他的激情，他还创造了激情。

杰夫瑞在 18 岁的时候，从伊利诺伊州的艾文斯顿来到了纽约州的绮色佳，当时他还无法预测自己未来的职业生涯。在康奈尔大学，他选择了哲学专业，因为"这是最容易满足学分要求的专业"。在大一结束后的那个夏天，他来到了东非，这是一切的开始："我不知道该如何解释，这个地方让我怦然心动。这里有一种灵气，我想与之相连，我想让它成为我生活的一部分。"

回到康奈尔后，杰夫瑞立即开始选修斯瓦希里语课。在大学二年级结束后，他休学一年，背着包到世界各地旅行。在旅行中，他重返东非，再度经历了和初访时同样的心灵震撼。

那时，他还不清楚他该如何在那里生活。那么，他是怎么撞到新闻这条路上去的呢？一位对杰夫瑞的写作颇为欣赏的教授建议他做记者。杰夫瑞当时认为："这是我听过的最愚蠢的想法了……谁会想做一份无聊的报社工作啊？"（我记得自己对成为一名教授，也有过同样的想法：谁会想当一个无聊的教授呢？）最终，杰夫瑞开始在校报《康奈尔太阳日报》工作，不过是作为一名摄影师而不是记者。

"当我来到牛津大学之后，在学业上很迷茫。我不知道自己到底想做什么，牛津大学的教授对此感到惊讶，他们的态度是，'那你为什么到这儿来？这是一个严肃的地方，你应该对自己想学什么有一个坚定的认识，否则你就不应该来这里。'"

当时我的猜测是，杰夫瑞可能想做一名摄影记者。他让我想起了罗伯特·金凯德——也就是克林特·伊斯特伍德在电影《廊桥遗梦》中扮演的那位睿智的摄影师。我还记得20年前杰夫瑞给我看的那些照片，当时我还以为是美国《国家地理》杂志上的照片，但实际上都是杰夫瑞自己拍的。

在牛津大学的第二年，他想明白了，觉得新闻业是一个更好的选择："我了解到，做记者可以让我去非洲，这会很有趣，我将会写出更有创造性的作品，然后我就决定了，这就是我要做的。我制订了能帮助我实现目标的可行且稳妥的计划，因为新闻业是层级分明的，需要一步一步来。"

第一步是给牛津大学的校报撰稿，第二步是在威斯康星州的一家小报做暑期实习，第三步是在佛罗里达州《圣彼得堡时报》的都市版工作，第四步是到《洛杉矶时报》工作，第五步是做《纽约时报》驻亚特兰大的特派员，第六步是被派往海外报道战地新闻。

2006年，在给自己设定目标后的第12年，他终于达到了第七步，成为《纽约时报》东非办事处主任。

"这是一条曲折的路，把我带到了各种地方。这个过程很艰难，但最终我拥有了自己想要的生活。"

当你思考具有坚毅品格的那些人时，你会发现，人们将激情形容为焰火，这个比喻并不恰当。焰火会爆发为一团耀眼的火焰，但很快会消失，留下的只是一缕轻烟，以及对曾经壮观的记忆。杰夫瑞的旅程则告诉我们，激情更像指南针，它需要一些时间来制造、调试并最终指向正确的方向，之后它将引导着你走上漫长而曲折的道路，最终让你到达你想要去的地方。

———

谈及目标，西雅图海鹰队的主教练皮特·卡罗尔向人们提出了这样一个问题："你有自己的人生哲学吗？"

对我们中的一些人来说，这个问题毫无意义，他们也许会说："我正在做很多事，我有很多目标，这个问题是什么意思？"

但是，有些人能肯定地回答这个问题："这件事就是我想要做的。"

当你更清楚地了解皮特所说的目标在哪个层次时，一切或许就会变得更加清晰一些。他不是在问你今天或今年要做到什么，他是在问你想从生活中得到什么，你的激情是什么。

皮特的哲学是：把事情做得比以往任何时候都好。和杰夫瑞一样，他花了好长一段时间才弄清楚自己的目标是什么。转折点出现在他执教生涯中的一个低点——那时，他刚从新英格兰爱国者队主教练的位置上被开除。这是他人生中唯一没有踢足球也没有当足球教练的一年。当时，他的好友劝他说："你得有自己的人生哲学。"

皮特意识到他的确需要深思。"如果我有机会再次带领一个团队，那么我要有一个理念来支配我所有的行动。"皮特说："在接下来的几周和几个月里，我基本都在和笔记、书本打交道。"同时，皮特认真地阅读了约翰·伍登的书，伍登是加州大学洛杉矶分校传奇的篮球教练，带队获得了创纪录的10次全美冠军。

伍登的书让皮特从更深的层次理解了这位偶像教练所说的话。伍登说，尽管一个球队必须做好无数件事，但弄清楚总体愿景却是至关重要的。

皮特意识到，特定的小目标（赢得一场特定的比赛、搞清楚进攻的策略、与队员的交谈方式等），都需要协调，需要终极大目标的指引。他说："一个清晰、明确的人生哲学能够给你提供原则和边界，让你保持在正确的轨道上。"

―――――

要了解皮特这些话的含义，方法之一是将目标想像成分层次的。

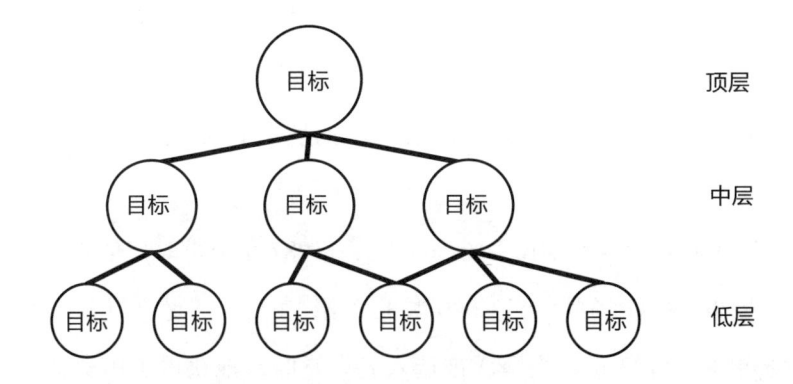

```
                    目标                          顶层

         目标       目标       目标              中层

     目标  目标  目标  目标  目标  目标  目标    低层
```

在这个层阶的底部是我们最具体的、特定的目标，也就是我们必须完成的短期任务，例如，上午8点出门、给业务伙伴回电话、写完一封邮件。这些低层小目标仅仅是实现终极大目标的手段。相反，目标所处的位置越高，就越抽象、越普遍、越重要。目标的层级越高，目标本身就越趋近终极目的，就越不是实现目的的手段。

我在这里所画的图中，只有三个层次，它是一个简化版的图例。事实上，在最低和最高水平的目标之间，可能还有好几层的中间目标。举例来说，早上8点出门是一个底层的目标，而它之所以有意义，是因为还有一个稍高水平的目标——准时去上班。那你又为什么在意准时这件事呢？因为守时意味着你尊重与你一起工作的人。这一点为什么很重要呢？因为你想努力成为一个好的领导者。

如果你不断地追问自己"为什么"，直到你的回答是"就是因为它本身"时，你就进入了一个目标层次的顶端。顶层目标不是任何终极追求的手段，相反，它本身就是一个终极追求。一些心理学家喜欢把它称之为"终极关怀"，我个人认为，这个顶层目标，就像一枚指南针，给下层的所有目标提供了方向和意义。

让我们看看名人堂投手汤姆·塞沃。1987年退役时，他42岁，已经赢得了311场胜利、3 640次的三振、61次完封，以及2.86的防御率。1992年，当塞沃被选入名人堂时，他获得了历史上的最高票比：98.8%。在他20年的职业棒球生涯中，塞沃的追求始终是在"日复一日、年复一年的比赛中投出我所能投出的最好的球"。以下便是他对这种愿景如何给他的低层目标提供了意义和框架的说明：

> 投球……它决定了我吃什么、何时上床睡觉、醒来时做什么。它也决定了当我不投球时，该怎么过我的生活。如果这意味着我去佛罗里达时不能晒太阳，因为我可能会被晒伤，而这会让我好几天不能投球，那么我就不会在太阳底下光着膀子……如果这意味着我必须提醒自己只能用左手来扶摸宠物狗，或用左手往篝火里扔木柴，那么我就会这样做。如果这意味着为了不增加体重，我要在冬天吃奶酪而不是巧克力饼干，那么我就会吃奶酪。

塞沃所描述的生活听起来很严苛，但他并不这么看："投球使我快乐，我已把我的生命奉献给了它……我已经想清楚了我要做的是什么。当我投出一个很好的球时，我会很开心，所以我只做能让我投好球。保持开心的事情。"

我说的激情不是指你所看重的某一件具体的事，而是指你以一种恒久不渝的方式去关注某一个终极目标。你不会反复无常，每一天，你日思夜想的都是这个问题。你向着同一个方向，迫切渴望能够向前走哪怕一小步，而不是向另一个方向迈一大步。有时，一些人可能会说你过于执着。通过服务于你的顶层目标和人生哲学，你的大部分行动获得了意义感。

你有你自己的优先次序。

———————

坚毅是指在很长的一段时间里持续追求同一个顶层目标。用皮特·卡罗尔的话来说，人生哲学非常有趣并且重要，它能支配你的清醒时间。对于坚毅力强的人，他们大部分的中层和底层目标都会以不同的方式与其顶层目标相连。相比之下，坚毅力较弱的人可能会缺少连贯性的目标结构。

缺乏坚毅力会以某种方式表现出来。我见过很多年轻人，他们能够很好地表述自己的梦想，比如成为一名医生或去NBA（美国男子职业篮球联赛）打篮球，他们可以想象出那有多棒，但他们没能制定出实现理想的中层和底层目标。他们的目标层次中只有一个顶层目标，却没有支持性的具体目标。

○

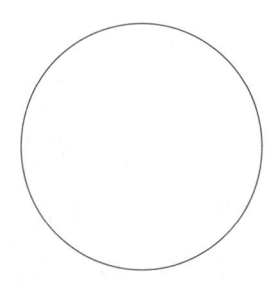

这就是我的好朋友和心理学同行加布里奥·欧亭根所说的"积极幻想"。加布里奥的研究表明,很多人都沉迷于一个积极的未来愿景,却没有搞清楚如何实现它,也没有好好思索前面将有什么障碍。这样做可能会有短期的回报,但从长期来说,是要付出代价的。在短期内,拥有成为一名医生的愿景会让你感觉良好,但就长期而言,你会永远活在无法实现目标的失望中。

在我看来,更常见的是有一堆的中层目标,但它们没有契合进一个统一的顶层目标之下。

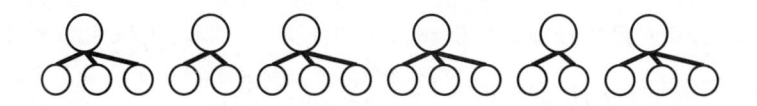

或有几个由相互竞争的目标组成的层次结构,它们不以任何方式相互连接。

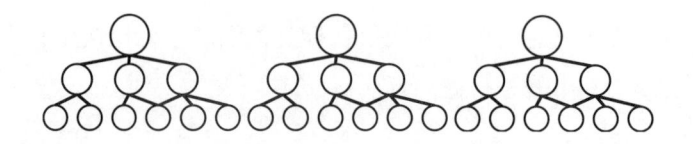

在某种程度上，目标冲突是人生的必然。例如，作为一名专业人士，我有一个目标层次系统；而作为母亲，我会有另一个系统。即使是汤姆·塞沃也承认，作为职业棒球手，他的旅行和训练日程使他很难像他希望的那样，有更多的时间与他的妻子和孩子在一起。所以，虽然投球是他的专业激情，但他也会有其他重要的目标系统。

我也有一个工作目标层次系统：运用心理学帮助孩子茁壮成长。但是，我还有另外一个目标层次系统，那就是成为两个女儿最好的母亲。任何职场上的父母都知道，同时拥有两个顶层目标是很不容易的，你似乎从来都没有足够的时间和精力去关注并处理两头的事。我已经决定接受这种紧张的生活。年轻的时候，我考虑过二选一：不要事业或不要家庭，但我最终想明白了，世上没有一个绝对"正确的决定"，只有一个对我而言更合适的决定。

所以，最理想化、极端化的状态是，我们在生活中每一刻，都被一个顶层目标引导着。对此，即使是最坚毅的人也不会认为这是可行的。不过，我认为，以如何服务于最重要的目标做标准，来简化中层和低层目标，这是有可能的。我认为理想的情况是，每个人都有一个（而不是多个）职业上的顶层目标。

总之，我们的目标层次越统一、一致和协调，就越好。

沃伦·巴菲特，一个白手起家的亿万富翁，其个人财富相当于

哈佛大学所得捐款的两倍。据说，巴菲特曾给他的私人飞行员提出了一个简单的三步法来决定事情的优先顺序。

故事是这样的：巴菲特对他的飞行员说，"你必须拥有比能随时将我送到任何地方更大的梦想"。飞行员告诉巴菲特，他是有其他梦想的，然后，巴菲特建议他按照以下三步法来练习。

首先，列出25个职业目标的列表。

其次，深入地思考，将5个最高优先级的目标圈起来。只能圈5个。

第三，好好地看一看没有被圈起来的那20个目标——它们是你需要不惜一切代价去避免的。它们会分散你的注意力，把你的时间和精力耗尽，将你的目光从更重要的目标上移开。

第一次听到这个故事时，我想，谁会有25个不同的职业目标啊？那真是太可笑了，不是吗？然后，我开始在一张画有横线的纸上写下所有我当下正在做的项目。当我写到第32行时，我意识到，我也可以从这个练习中受益。

有趣的是，我自动想到的大部分目标都是中层目标。当被要求写下多个而非一个目标时，人们通常都会自动地来到中级目标层次。

为了设定优先项，我增加了一些栏目，以便梳理这些项目的趣味性和重要程度。我对每一个目标按1~10打分，从最无趣到最有趣，然后再从最不重要到最重要。我把这两个数字相乘，得到一个从1~100之间的数字。结果发现，我的目标中没有一个在"兴趣

×重要性"的得分中高达100，也没有一个低至1。

然后，我根据巴菲特的三步法，只将最有趣和最重要的5个目标圈起来，把其他目标都降级到要不惜一切去避免的类别。

我尝试了，但我无法做到。

我思考了一天，究竟谁是对的呢？是我自己，还是巴菲特？我意识到，我的很多目标，实际上彼此相关。大多数小目标都是实现顶级目标的手段，它们激励着我不断前进，只有个别专业方面的目标不是这样。尽管很不情愿，我还是决定把它们放在要不惜一切避免的清单上。

现在，如果我能坐下来和巴菲特一起检视我的目标清单，他或许会告诉我，这项练习的要点就在于认清时间和精力是有限的这一事实。成功人士在一定程度上都是经由决定不做什么来决定自己要做什么的。对此，我是同意的，而且在这个方面，我还需要继续提升。

但是，在我看来，传统的优先排序是不够的。当你不得不将自己的精力和行动分配到几个不同的高层职业目标中时，就会发生很大的冲突。你需要一个内在的指南针，而不是两个、三个、四个或五个。

资料来源：弗兰克·马德尔，《纽约客》，1962 年 7 月 7 日

所以，对于巴菲特所设定的优先顺序的三步法，我会添加一个额外的步骤：问问你自己，这些目标有多少是为同一个顶层目标服务的？当它们越是成为同一个目标体系（这很重要，因为这意味着它们都服务于同样的终极目标），你的激情就越能够聚焦。

你遵循了这种设定优先顺序的方法，是不是就能成为名人堂投手，或是赚到更多的钱呢？可能不会，但你会有更好的机会得到你看重的东西，并实现你的梦想。

———

当看到你的目标是以层级结构组织在一起时，你会发现，坚毅并不代表不惜一切、执拗地追求清单上的每一个低层目标。事实上，你需要放弃一些迄今为止你一直都在为之奋斗的事情。这些事情并不是都能行得通。当然，你应该更有耐心地去努力尝试，但不要去撞南墙，有些事情只是实现顶层目标的一个手段。

知道如何将低层目标融入一个人的整体目标系统，这是非常重要的。我在思考这个问题时，聆听了著名的《纽约客》漫画家罗兹·切思特的一场演讲。她告诉我们，现在她投稿的被拒率大约是90%，以前的退稿率更高。

我给《纽约客》的漫画编辑鲍勃·曼考夫打电话，询问这个90%的退稿率是否具有代表性。对我来说，这个数字高得惊人。鲍勃告诉我，罗兹的经历的确是不同寻常。哇！我想，要是全世界所有的漫画家在投稿时都十有八九被拒，那真让人不忍卒闻。但是鲍勃接着告诉我，大多数漫画家都在比这更悲惨的状态中生活。在《纽约客》，签约漫画家已经明显比别人拥有更多的机会了。平均而言，《纽约客》每周会收到500幅漫画，而每期杂志平均只会用到17幅漫画。我算了算：退稿率超过96%。

"我的天啊，谁还会继续投稿呀？"

有的，其中一位便是鲍勃本人。

鲍勃的故事说明，在向顶层目标前进的过程中，不但需要顽强的毅力，而且需要让底层目标具备一定的灵活性。那些顶层目标就好比是用墨水写的，而较低层的目标则是用铅笔写的，你可以修改它们，甚至删除它们，然后以新的目标取代它们的位置。

下图虽然不及《纽约客》的标准，但希望能以此说明我的观点。

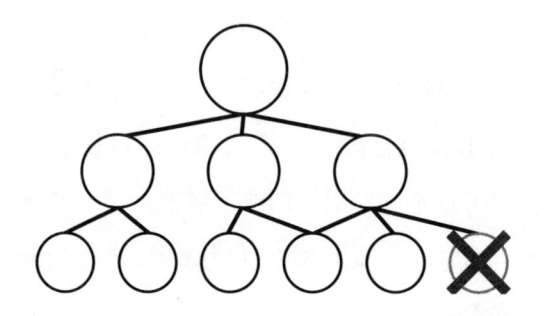

一个底层目标已经被那个怒气冲冲的"×"阻断了,它可能是一张拒稿通知、一次挫折、一条死胡同、一次失败的经历。坚毅的人也会失望,甚至心碎,但这种状态不会持续太久。

很快,坚毅的人确定了一个新的底层目标,例如,再画一幅漫画,以达到同一个目标。

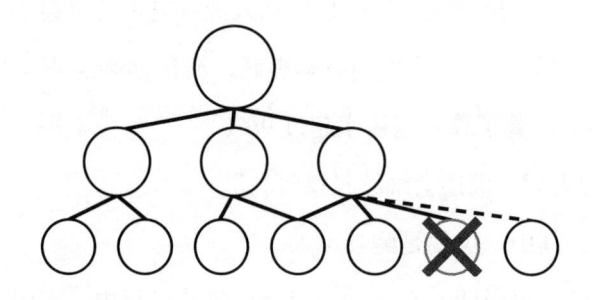

绿色贝雷帽的口号之一是:"应变、调适、战胜"。很多人在孩提时代就被灌输着这样的理念:"如果你没有成功,那么就尝试,再尝试。"其实更合理的建议应该是:"尝试,再尝试,然后试试不同的东西。"对于处在于目标结构较低层级的目标,这是必须要做的。

让我们来看看鲍勃·曼考夫的故事。

像《纽约时报》东非局局长杰夫瑞·盖特曼一样,鲍勃早年也没有找到一个明确的激情点或目标。小时候,鲍勃喜欢画画,为此,他考上了拉瓜迪亚音乐艺术高中,这所高中的故事后来被改编在电影《成名》(Fame)中。到了学校之后,鲍勃目睹了激烈的竞争,被吓住了。

鲍勃回忆说:"终于接触到真正的绘画天才,却让我的才能枯萎了。在毕业后的三年里,我都没有碰过画笔。"之后,他进入雪城大学学习哲学和心理学。

在大学的最后一年,他买了西德·霍夫的《学画卡通》,霍夫为《纽约客》贡献了571幅漫画,撰写并绘制了60多本儿童书籍,画了两个系列漫画,并为其他出版物贡献了数以千计的画作。霍夫在书的开篇就愉悦地写道:"成为一个漫画家很难吗?不,不难。为了证明这一点,我写了这本书……"这本书的最后一章名为"如何在拒稿信中生存下来"。书的内容包括一些关于构图、透视、人像、面部表情等方面的课程。

鲍勃按霍夫的建议画了27幅漫画。他不停地奔走,试图将画卖出去。他没去《纽约客》,因为那里的编辑根本不见漫画作者本人。当然,每一个他见到的编辑都婉绝了他,很多编辑要求他再次尝试,之后带来更多的漫画。"更多?"鲍勃想知道,"怎么可能有人一周就画出27幅漫画呢?"

在鲍勃重读霍夫《学画卡通》最后关于退稿信的那章内容之

前,他接到越战的征兵通知。他不想去当兵,于是,他将自己迅速重新定位为一名实验心理学的研究生。在之后的几年,只要一有时间,他就画画。在获得博士学位之前,他意识到做心理学研究并非他的人生使命。"当时我想,定义我人格特质的是其他的东西。我应该是你见过的人中最幽默的一个——我当时,就是这么想的,我很滑稽。"

有一阵子,鲍勃认为有两种方式可以让他以制造幽默为业:"我想,我应该去说单口相声,要不然我就当一名漫画家。"他对两者都很有兴趣:"我会写一整天的台词,然后在晚上画漫画。"但随着时间的推移,这两个中层目标中的其中一个变得比另外一个更具吸引力:"那时说单口相声和现在不一样,因为没有真正的喜剧俱乐部,所以我得去波希特带①,但我真的不想去……我知道,对那里的观众来说,我的幽默并没有达到想象中那么好的效果。"

于是,鲍勃放弃了说相声,把全部精力放到漫画上。"经过两年的投稿,我能够拿出来的就是足够多的《纽约客》的退稿信,多到可以做我浴室的壁纸。"当然,也有一些小小的胜利——他把漫画卖给了其他一些杂志社,但那时,鲍勃的顶层目标已经变得更具体而且雄心勃勃了:他想成为世界上最好的漫画家之一。"《纽约客》的漫画栏目就像纽约洋基队的棒球——那是一支最好的队

---

① 波希特带:纽约州的一个度假区,1920–1970年间很多犹太人在此聚集度假,大批流动谐星在此表演。——译者注

伍。"鲍勃解释道,"如果你能进入这个团队,你就会成为最好的漫画家之一。"

堆积如山的拒稿信告诉鲍勃,光是"尝试,再尝试"是行不通的,他决定做一些不同的事情。"我去了纽约公共图书馆,看了1925年以来《纽约客》上发表的所有漫画。"起初,他觉得被拒是因为自己画得不够好,但一些成功的《纽约客》漫画家在绘画技巧上其实是三流的。然后,鲍勃觉得问题可能出在他的题字上,句子太短或太长了,但这种想法也没有获得证据支持。之后,鲍勃又认为可能是他没有在漫画中展示出他的幽默。然而,这似乎也不对:有些成功的漫画是异想天开的,有些是讽刺性的,有些是很哲学的,有些则只是有趣。

但是,所有这些漫画都有一个共同点:它们让读者思考,而且每位漫画家都有自己独特的个人风格。风格是漫画家以某种深层独特的方式所做的个人化表达,这才是问题的关键。

鲍勃在将《纽约客》上的每一幅漫画都认真翻看了一遍之后,他知道,他可以做到和他们一样好,甚至更好。"我认为,我也能做到,我有足够的信心。"他知道他能画出引人深思的漫画,他知道他可以发展出自己的个人风格来。"在试过各种方式之后,我最终确定了自己的点画风格。"今天,鲍勃漫画中那种著名的点画法被大家称为"点绘",他最初尝试这种画法是在高中时,当时他从法国印象派画家乔治·修拉的作品中获得了启发。

1974~1977年,鲍勃被《纽约客》拒绝了大约2 000次。在这之后，鲍勃送出了以下这幅漫画，它被接受了。

资料来源：弗兰克·马德尔，《纽约客画集》，卡通银行

接下来的一年，他向《纽约客》卖出了 13 幅漫画，之后是 25 幅、27 幅。1981 年，鲍勃收到了《纽约客》杂志寄来的一封信，问他是否愿意成为它的签约漫画家，他说当然愿意。

———

作为编辑前辈，鲍勃建议那些有抱负的漫画家们以 10 幅为批次提交漫画。"在漫画界，就像在生活中一样，事情十有八九都不会一次就得以顺利解决。"

的确，放弃一些较低层次的目标不仅是可行的，有时甚至是必要的。当一个低层次的目标可以被另一个更可行的目标替换时，你应该果断地放弃它，相应地，改变你的路径也是合理的。对同一高层目标的追求可以有很多不同的手段。当一个低层目标比另外一个更有效率、更有趣，或者比你原先的计划更合理时，你不妨做出改变。

在任何一段漫长的旅程中，迂回都是难免的。

然而，目标的层次越高，它就越应该被坚守。就我个人而言，我会尽量不去过分在意一些特定的事，例如被拒绝的科研经费申请、学术论文，或失败的实验。这些失败的痛苦是真实的，但我不想在这种感受上驻留太久。相比之下，我不会轻易放弃自己的中层目标，更没有任何事能让我改变自己的顶层目标——用皮特的话来说，就是我的人生观。当我找到人生指南针的所有部分，并将它们整合在一起后，它就会不断将我引向同一个方向，日复一日、月复一月、年复一年。

———

在我对坚毅进行研究之前，斯坦福大学的心理学家凯瑟琳·考克斯已将高成就者的特点做了归类。

1926年，考克斯对301位杰出的历史人物的传记做了细致的研究，这些杰出人物包括诗人、政治和宗教领袖、科学家、军人、哲学家、艺术家和音乐家。他们都生活在大约400年前，其成就足以编成6册百科全书。

考克斯最初的目标是估算这些人到底有多聪明，方法是将他们相互比较，然后与整个人类做比较。通过梳理现有证据、寻找智力早熟的迹象，以及取得成就的年龄和成就上的优势，考克斯估算了每个人童年的智商。她发表的摘要（如果你愿意把一本800多页的书称为摘要的话）不仅囊括了这301个人的案例故事，还对他们的智商从低到高进行了排列。

根据考克斯的研究，这群人中最聪明的是哲学家约翰·司徒亚特·密勒，他在儿童时期的智商大约是190分。密勒从3岁就学习希腊语，6岁时写了罗马史，12岁时协助他的父亲校对了关于印度历史的书稿。在考克斯的排名里，最不聪明的人——其儿童时期的智商为100~110分，比一般人的平均智商只高出一点儿——包括现代天文学的创始人哥白尼、化学家和物理学家法拉第、西班牙诗人和小说家塞万提斯。牛顿位居中间，他的智商为130分——这在今天，是一个孩子上资优班所需要的最低智商成绩。

从这些人的智商水平来看，考克斯得出结论：作为一个群体，这些有成就的历史人物比大多数人更聪明。这没什么奇怪的。

令人意外的是，在将成就按照大小做区分时，智商上的差别就一点儿都不重要了。取得了最杰出成就的天才（被考克斯列为前10名的那些人），儿童时期的平均智商为146分。成就相对最不杰出的，也就是最后10名的人，他们的平均智商为143分。两者的差异是微不足道的。换句话说，在考克斯的研究对象中，智力与杰出成就之间的相关性是极其微弱的。

考克斯评选的前10名最杰出的天才

弗朗西斯·培根爵士

拿破仑·波拿巴

埃德蒙·伯克

约翰·沃尔夫冈·冯·歌德

马丁·路德

约翰·米尔顿

艾萨克·牛顿

威廉·皮特

伏尔泰

乔治·华盛顿

考克斯评选的最后 10 名最杰出的天才

克里斯蒂安·邦森

托马斯·查莫斯

托马斯·查特顿

理查德·科布登

塞缪尔·泰勒·柯尔律治

乔治斯·丹东

约瑟夫·海顿

雨果·德·拉姆内

朱塞佩·马志尼

若阿尚·缪拉

如果智力天赋不是一个人被提升到前 10 名或降到后 10 名的决定性因素，那这个决定性因素又该是什么呢？在仔细查阅数千页传记资料的同时，考克斯和她的助手们还针对其中的 100 位天才进行了 67 种不同人格特质的评估测试。考克斯特意选择了多种特质来做尽可能全面的探索——事实上，她基本上将现代心理学认为最重要的特质都包括进去了。她想了解，是什么样的差异将杰出人物与普通人区分开又是什么使得前 10 名杰出人物与后 10 名杰出人物有所不同。

考克斯发现，在 67 项指标中的大多数指标上，杰出人物与普通人之间只有微不足道的差异，例如，杰出性与外向、快乐或幽默感没有多大关系，而且并非所有的高成就者都在学校教育中取得了好成绩。相反，将杰出人物与普通人区分开来的是归属于同一集群的 4 个指标，这 4 个指标也是前 10 名与后 10 名的差异之所在。考克斯将这些指标结合在一起，称它们为"动机"。其中的两个指标可以很容易地被改述为坚毅力量表中的激情项目。

△ 心怀远大目标（而非仅仅为谋生）去工作的程度，积极为此后的生活做准备，为明确的目标而工作。

△ 不因单纯的可变性而放弃任务的倾向性，不因新奇感而追求新鲜事物，不会一味"寻求变化"。

另外两个指标则很容易被改述为坚毅力量表中的毅力项目。

△ 意志力或毅力的强度。一旦决定就坚持在某个方向上的决心。

△ 在面对障碍时不放弃任务的倾向性。有毅力、坚毅、顽强。

考克斯在摘要中总结道："一个人拥有偏高但不是最高的智商水平，结合最大程度的坚毅力，他取得的杰出成就将高于最高智商水平与一般坚毅力的组合。"

无论你在坚毅力量表中的得分如何，我希望它都能促进你进行自我反思。它可用来帮助你明确目标，以及了解这些目标是否（以及在多大程度上）与你至关重要的内在激情相一致。它也能帮助你了解，当面对生活中的"拒稿信"时，你在坚毅方面能做到什么程度。

这只是一个开始。在下一章中，让我们看看坚毅力是怎样发生变化的。

第 5 章

—

坚毅的品格是遗传的吗？

"坚毅的品格有多少来自遗传？"

每当我就坚毅这个主题做演讲时，总是被人以各种方式问及这个问题。是先天，还是后天？是什么决定了我们的坚毅程度？我们都直觉地认为，我们的一部分特质，比如身高，基本上是由遗传决定的；而另外一些特质，如我们是讲英语还是讲法语，则是成长环境和经验的结果。在篮球训练中，"你无法训练身高"是一个很流行的说法，许多人也想知道，坚毅是更像身高还是更像语言。

关于坚毅是否来自我们的DNA（脱氧核糖核酸），有一个短版和一个长版回答。短版的回答是：坚毅"部分"来自遗传。长版的回答则是：嗯，这挺复杂的。在我看来，长版回答很值得我们关注。在基因、经验以及它们的相互作用对我们的影响方面，科学技术已经取得了巨大的进步。不过，这些科学事实固有的复杂性却导致人们对这个问题有很多误解。

首先，我可以肯定地告诉你，人类的每种特质都受到基因和经验两者的共同影响。

先说说身高。身高确实是遗传的，遗传的差异是导致有些人非常高，有些人非常矮，以及大多数人处于中间值的重要原因。

但是，有研究数据表明，几代人以来，男性和女性的平均身高都在急剧增长。例如，军事记录显示，英国男性的平均身高在150年前是1.65米，而如今英国男性的平均身高是1.78米。身高的增长在其他国家更加明显：在荷兰，男性目前的平均身高为1.83米——在过去的150年里，增长了超过15厘米。每当与荷兰合作者在一起时，我都会想起人类身高在几代人之间戏剧性增长的问题。荷兰男性在跟比他们矮的人在一起时，会很体贴地俯身迁就别人，不过你依然会感觉自己仿佛置身于一片高挺的红杉林之中。

要说基因库在短短几代人之间就发生了戏剧性的改变，这是不可能的。相反，最有力的身高促进器是充足的营养、清洁的空气和水，以及现代医学（顺便说一句，人类体重方面的逐代增长比身高的增长更为引人注目，这似乎是我们现在吃得多、动得少的结果，而不是基因发生了变化）。即使在一代人之内，你也能看到环境对身高的影响。饮食丰富且健康的儿童会长得更高，而营养不良则会阻碍他们的成长。

同样，诚实和慷慨，以及坚毅的品质也受遗传与经验的双重影响。同样受到遗传和经验二者影响的，还有智商、外向的性格、热爱户外活动、喜欢甜食、成为吸烟者的可能性、罹患皮肤癌的风险等。先天是很重要的，但后天同样重要。

———

各种各样的天赋也受到遗传基因的影响。一些人天生具备一些基因，这使得他们更容易学会如何掌握音调、投进一个篮球，或解出一个二次方程。但与直觉相反，天赋不完全是遗传的，我们发展技能的速度，也与经验有着十分重要的关系。

例如，社会学家丹·查布里斯曾在高中时期非常投入地练习竞技游泳，但当他意识到自己显然不能成为国家级的选手时，他便停止了训练。

"我比较矮小，"他说，"而且我的脚踝不够灵活。我的脚趾不能绷直，这是一种生理上的限制。这意味着，我只能游蛙泳。"在我们谈话之后，我对跖骨的运动功能做了一点儿研究。我发现，伸展练习可以扩大你的运动范围，但某些骨骼的长度会决定你的脚趾和踝关节的灵活性。

但是，提高他游泳技能最大的障碍并不是解剖学上的问题，而是他受到的指导和训练。"现在回想起来，我在几个训练关键时期的教练都非常糟糕。高中时，一个教练教了我4年，但他什么都没有教会我，有时教的还是错的。"

后来，为了做研究，丹经常跟美国国家队和奥林匹克队的教练在一起。那么，当丹终于遇到了好的教练时，又发生了什么呢？

"多年以后，我回到游泳池，又有了好身材，而且游百米个人混合泳的速度和我高中时期一样快。"

———————

科学家为何坚信，先天和后天在决定诸如天赋和坚毅等特质时，都在发挥作用？在过去的几十年里，专家一直在研究在同一个家庭，以及在不同家庭中长大的同卵和异卵双胞胎。同卵双胞胎有相同的DNA，而异卵双胞胎，平均而言，只有一半的基因是相同的。研究人员根据双胞胎长大后的相似程度，推断出遗传对各种特质的影响。

最近，伦敦的研究人员给2 000多对英国十几岁的双胞胎做了坚毅力测试。研究显示，遗传因素在毅力量表中占37%，在激情量表中占20%。这些评估与其他人格特质的遗传因素相差不大，这意味着人们在坚毅方面的差异，部分可以归因于遗传，而有些则可以归因于经验。

我得赶紧补充一下，遗传对坚毅的影响不是由单个基因造成的。大量研究表明，几乎所有的人类特征都是多基因遗传，即人的特质受到多个基因的影响。事实上，是很多很多个基因。比如说，身高至少会受到697个不同基因的影响。一些影响身高的基因也会影响其他特质。人类基因组包含多达25 000个不同的基因，它们以我们还不太了解的复杂方式彼此相互作用，并且与和环境相互影响。

总结一下我们已知的：第一，坚毅、天赋以及其他与成功有关的特质，都受到基因的影响，也受到经验的影响；第二，无论是坚毅，还是其他的心理特征，都没有与之相对应的单一的基因。

———

我要谈的第三点，也是很重要的一点：遗传解释了为什么个体与平均值不同，但对平均值本身，遗传并没有说明什么问题。

虽然身高的遗传性解释了一些变量（例如在一个特定的人群中，有些人很高，有些人则很矮），但对于人群平均身高变化的原因，遗传并没有给出解释。这一点是很重要的，因为它提供的证据表明，我们成长的环境非常重要。

我们再来看看弗林效应（Flynn effect）。弗林效应是以它的发现者——新西兰社会科学家吉姆·弗林的名字命名的。弗林效应是指在过去的一个世纪里，人类智商出现了惊人的增长。增长幅度有多大呢？用现在广泛被使用的智商测验——韦氏儿童智商量表及韦氏成人智力量表来说，在被研究的30多个国家中，过去50年，人们的智商平均提高了15分以上。这就是说，如果用现代常模对一个世纪前的人打分，他们的平均智商是70分，那是智力低下的边界分数。如果你对现在的人用一个世纪前的常模打分，人们的平均智商将达到130分，这是天才项目的录取分数。

第一次听说弗林效应时，我有点儿不相信——人类怎么会这么快就都变得这么聪明了呢？

我给吉姆打电话，将我的想法告诉了他，结果吉姆居然真的飞到费城来见我，并就他的工作做了一个报告。我们第一次见面时，我觉得吉姆就像漫画中的学者，瘦高、戴着金丝边眼镜，还有一头鬈曲而不羁的灰色头发。

弗林以智商变化的基本事实开始了他的讲座。经过多年的研究，他发现，在一些测试中，智商分数的提高要比另外一些测试大得多。他走到黑板前，勾勒出一条陡峭的线条，分数爬升幅度最大的智商测试是抽象推理部分。例如，现在许多小孩子都可以回答这个问题："狗和兔子，它们有何相似之处？"孩子们会告诉你，狗和兔子都是生物，或者说它们都是动物。在评分手册中，这类答案只能获得一半分数。有些孩子可能会说它们都是哺乳动物，给出这种说法的孩子会得满分。相比之下，一个世纪前的孩子只会疑惑地看着你说，"狗追兔子"。零分！

作为一个整体种，人类在抽象推理方面变得越来越强大了。

为了解释为什么某些智商测试的得分有了巨大的提升，而另外一些测试则没有，弗林讲了一个关于篮球和电视的故事。在过去的一个世纪中，篮球比赛变得更有竞争性了。弗林在学生时代也玩篮球，他记得自己的水平一直在提高，而且每隔几年就会发生一些变化。

弗林认为，是电视的普及让大家的篮球水平得到了提高。高曝光度使篮球这项运动得到了普及。电视让更多的孩子开始玩篮球，尝试明星球员才会做的左手上篮、交叉运球、勾手投篮，以及其他技巧。

弗林称这种技能提高的良性循环为社群倍增效应，他用同样的逻辑来解释抽象推理的代际变化。在过去的一个世纪里，我们的工作和日常生活越来越多地要求我们进行分析性和逻辑性的思考。我们在学校的时间更长了，而且我们更多地学着去推理而不是死记硬背。

无论是环境上的微小改变，还是遗传基因上的差异，都能引发良性循环，这些影响都能通过文化传播获得社群倍增效应，因为我们每个人都在丰富着大家的环境。

————

以下曲线图展示了坚毅力得分随年龄变化的趋势。这是从一个大样本的美国成年人的数据中得来的，通过水平轴你可以看到，在我的样本中，坚毅力得分最高的是65岁以上的老年人，坚毅指数最低的是20多岁的年轻人。

（分）

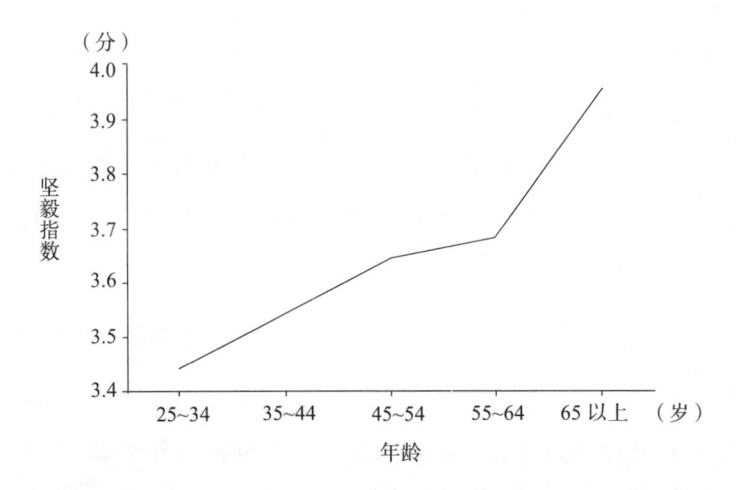

坚毅指数

图表数据点：25~34岁约3.44；35~44岁约3.58；45~54岁约3.65；55~64岁约3.68；65以上约3.96

年龄：25~34　35~44　45~54　55~64　65以上（岁）

这张图显示，坚毅力有一种"反向弗林效应"。六七十岁的老年人之所以更加坚毅，是因为他们成长的时代更加推崇持续的激情和毅力。可以说，二战一代之所以比千禧一代更加坚毅，是因为过去和现在的文化有所不同。

一位年长的同事在看到这张图时，摇了摇头说："我很清楚这一点！我在同一所大学教同一门本科课程已经几十年了，我可以告诉你，现在的学生就是不像过去的学生那么努力！"我的父亲为杜邦公司奉献了一生，并且在退休时得到了公司奖励的金表。对于那位在我讲座之后来找我的沃顿创业者，我父亲可能也会做出类似的评论。即便那位年轻人现在正在为创业而熬夜，他也会预感到，在未来几年他会改行做一些完全不同的新东西。

———

这张图也有可能说明坚毅力随年龄而增强的趋势与坚毅的代际

变化无关，相反，数据显示的可能是，随着时间的推移人们变得更加成熟了。当我们找到自己的人生哲学，学会在受挫和失败后重新站起来，学习区别那些应该被迅速放弃的低层目标以及需要更加投入的高层目标，我们就会变得越来越坚毅。当我们成熟或变老时，我们就逐步发展出了拥有长期激情和毅力所需要的能力。

为了区分这两种解释，我进一步研究了不同年龄的人目前的坚毅水平，并且得到了年轻人和老年人在坚毅力方面的一幅快照。不过，由于坚毅力量表才问世不久，我无法将它化为一部呈现生命历程的电影。

幸运的是，有人已经对人类特质的其他方面做了纵向研究。几十个追踪了人们多年甚至几十年的纵向研究发现：随着人生经验的增加，我们中的大多数人都会变得更加认真、负责、自信、体贴和平静。许多变化发生在20~40岁之间，但事实上，在人类的整个生命周期中，性格都在不停地演化，这被人格心理学家称为"成熟原理"（The Maturity Principle）。

我们在不断成长，至少，大多数人是这样的。

在某种程度上，这些变化是预先设定的和生物性上的。例如，青春期和更年期会改变我们的性格，但总体而言，性格改变是一种生活体验的结果。

那么，人生经历究竟是如何改变性格的呢？

其中一个原因是，我们从人生阅历中学到了以前不知道的东西。例如，我们通过尝试和犯错学到，经常转换职业方向是不可取的。这也是我 20 多岁时的经历：起初，我在一个非营利组织工作，然后开始进行神经科学的研究，随后做管理咨询，之后又去教学。做一个"前途无量的新人"是有趣的，但做一个真正的专家更有意义。我还了解到，多年的辛勤工作往往会被误认为是天赋；而若想坚持不懈地追求卓越，激情是必需的。

同样地，就像小说家约翰·欧文所说："要真正做好任何事情，你都必须要逼自己"，"有些事情只有在一遍又一遍的重复中，才能取得进展"，最后，我们还认识到，勤奋工作的能力"不会在一夜之间获得"。

除了对人类状况的洞察，还有哪些因素会随着年龄而变化？

我认为，随之而变化的还有我们的处境。随着时间的推移，我们进入新的人生阶段。我们得到自己的第一份工作，我们会结婚，父母会变老，我们会发现自己成了需要照顾他们的人。在通常情况下，这些新的处境要求我们采取与先前不同的行动。地球上没有哪个物种比人类更具适应性，我们能够随境遇的改变而改变，我们因环境而成长。

当需要改变的时候，我们就会改变，需要是适应之母。

给大家举一个小例子。不知是什么原因，我的小女儿露西直到三岁也没有学会使用便盆。我和丈夫竭尽所能地说服她不用尿不湿。但没有用，露西的意志比我们想象中更强大。

在她三岁生日后不久，露西从幼儿班转到了学前班，在幼儿班里，所有的孩子都还在用尿不湿，但在学前班，连换尿不湿的台子都没有。第一天去学前班时，她的眼睛睁得大大的，观察着这个新环境。我想，她可能希望留在那个她已经感到舒服的幼儿班，她对新环境有点儿害怕。

我永远不会忘记那天下午去接露西时的情景。她自豪地向我宣布，她已经学会用便盆了。她说，她的尿不湿时代已经结束了。她确实做到了。如厕训练在一瞬间就完成了，这是怎么发生的呢？实际上，当她与其他孩子一起排着队使用便盆时，轮到她的时候她自然就会用了。她学会了做需要做的事。

伯尼·尼厄是西雅图湖滨中学的校长，最近他分享了他女儿的故事。尼厄的女儿是一个十多岁的少女，几乎每天上学都迟到。这个夏天，女儿在当地的一家商店里找到了一份叠衣服的工作。在她第一天上班的时候，商店经理就对她说："只要你迟到一次，就会被开除。"什么，竟然没有第二次机会？在她此前的生活中，家人和老师总是对她充满了耐心和理解，给了她无数个第二次机会。

那么，接下来发生了什么？尼厄说："她发生了惊人的变化，真的，这是我见过的最直接的行为改变。"他女儿设置了两个闹钟，以确保她能准时甚至提前赶到那个绝不容忍迟到的商店。作为一名校长，尼厄认为，他能做的是有限的。经营企业的人根本不在乎一个孩子是否认为自己是特别的："如果你经营着一家店，那么你所关心的就只是这个孩子能干活儿吗？如果不能干活儿，那么这个孩子对我们就没有任何用"。

说教远不如"自然后果"更有效。

随着时间的推移，我们学到了一些难忘的人生功课，我们调整自己以应对环境的要求。最终，新的思维模式和行为模式成为习惯。直到有一天，我们已经想不起从前不成熟的自己是什么样了。我们做出了调试，（这种调整变成了长期的行为）；最后，我们的自我进化了，我们成熟了。

上述研究和故事说明，我们的坚毅力会随着我们的成长背景、文化、时代的不同而发生变化，而且随着年龄的增长，我们会变得更加坚毅。坚毅的品格不是完全固定不变的，就像你的其他心理特质一样，并且坚毅力比你想象中更具可塑性。

如果坚毅力可以变化，那么我们如何提高它呢？

我每天都会收到一些希望自己可以更坚毅的人发来的电子邮件和信件，他们哀叹自己从来不能专注于自己的目标，他们觉得自己的才能被浪费了。他们迫切地想要一个长期目标，他们想通过激情和毅力来实现自己的目标。

但是，他们不知道从哪里开始行动。

首先，要了解你的现状。如果你不具备坚毅的品格，不妨问问自己导致这一结果的原因。

最常见的回答是："我就是太懒了"，或者，"我就是不能说到做到"，又或者，"我天生就不具备坚持到底的能力"。

所有这些答案，我认为都是错误的。

事实上，当人们放弃的时候，他们都有自己的原因。以下 4 个想法可能会导致你放弃：

我觉得很无聊。
这么努力是不值得的。
这对我来说并不重要。
我做不到，所以我会放弃。

这些想法并没有道德上或其他方面的错误。我认为，即便是具备坚毅品格的典范，也会有放弃目标的时候。但重要的是，当涉及一个非常重要的高层目标时，非常坚毅的人通常不会说出上面这些话。

——————

对于如何提高坚毅力，我进行了一些采访，采访对象都是坚毅的典范。我已经把一些谈话的片段囊括在本书中，所以，你也可以看看，那些坚毅的人是否有一种信念、态度或习惯是值得你学习的。

这些数据补充了我之前系统的、定量的研究，揭示了成熟且坚毅的人所具备的一些共同的心理资产。这些心理资产有 4 种。它们能应对上述的负面心态。这四种心理资产通常会在数年间，按照特定的顺序发展起来。

首先是兴趣（interest）。激情源于充分享受你所做之事。我研究的每一位坚毅典范也都会说，工作的某个方面让他们不太喜欢，而且大多数人都得忍受一些他们根本就不喜欢的杂事。然而，整体上，他们仍然认为这份工作很有意义，他们对其拥有持久的迷恋和孩子般的好奇心，他们的内心都在呐喊："我热爱我所做的事！"

其次是练习（practice）。坚毅的特点之一是，今天你试图比昨天做得更好。这是一种日常自律。所以，在特定领域发现和培养出兴趣之后，你必须全身心地投入练习，以达到精通。你必须一遍又一遍地练习，年复一年、日复一日地去做。坚毅能抵制自满情绪。一个坚毅的人，无论他特定的兴趣是什么，无论他有多么优秀，他都会说："无论如何，我都想做得更好！"

第三是目的（purpose）。确信你的工作很重要，你才会有成熟的热情。对大多数人来说，没有目的的兴趣几乎是不可能维持一辈子的。因此，你需要将工作与你的个人兴趣相连，并且与他人的福祉相连。只有少数人很早就确定了自己的目标，但对许多人来说，他们是在培养出兴趣和经过多年自律的练习之后，才增强了为他人服务的动机。不管怎样，成熟的、具有坚毅品格的人总是说："我的工作是很重要的，对我和对其他人都是如此。"

最后是希望（hope）。希望是一种从逆境中奋起的毅力。在本书中，虽然我是在兴趣、练习和目的之后才讨论希望，但希望并非只存在于坚毅的最后阶段，实际上，它贯穿始终。从开始到最后，即便你遇到困难，即使有所怀疑，你也要继续下去，这一点非常重要。在生活中，难免会遇到挫折。如果你躺在那里听之任之，坚毅力就会消散；但如果你勇敢地爬起来，你就拥有了坚毅的品格。

―――

此时，你可能已经搞清楚了什么是坚毅，你可能已经拥有了一个深刻而持久的兴趣、一种蓄势待发不断挑战的欲望、一种衍化出来的目的感，并且坚信自己能继续走下去。如果是这样，那么你很可能在坚毅力量表中接近满分。我为你鼓掌！

但是，如果你不能做到这些，那么接下来的章节能够帮助你自学有关坚毅的心理学，只需一点儿指导就会让你大大受益。

兴趣、练习、目的和希望这4种心理资产都不是"全有或全无"的——你可以发现、发展并滋养你的兴趣，你可以养成自律的习惯，你可以培养内在的目的和意义感，你可以让自己满怀希望。

你可以由内而外地生长出坚毅的品格。

GRIT

第二部分

如何成为一个坚毅的人?

第 6 章

追随内在的激情就能成功吗?

"追随你的激情"是一个广受欢迎的毕业演讲主题。我已经以学生或教授的身份听过很多次了。我敢打赌,至少有一半的演讲者,会强调做自己喜欢的事情的重要性。

例如,《纽约时报》的资深字谜编辑威尔·肖特茨就曾对美国印第安纳大学的学生说:"我给你们的建议是,弄清你们生命中最想做的是什么,然后全力去做。生命是短暂的,要追随你内在的激情。"

杰夫·贝佐斯给普林斯顿大学的毕业生讲述了他离开高薪的曼哈顿金融业,去创立亚马逊网站的故事:"多方考虑后,我走上了那条相对不安全的道路,去追随我内心的激情。"他说:"不论你想做的是什么,你都将在生活中发现,如果你对正在做的事缺乏激情,那么你将无法坚持下去。"

我不只是会在炎热的毕业季听到这类建议,在我采访那些坚毅典范的时候,我也听到了同样的话,几乎一字不差。

海丝特·莱西是一位英国记者,从2011年起,她就开始采访像肖特茨和贝佐斯这样的成功人士,每周一位。她的专栏每周都会出现在《金融时报》上。不论是时装设计师(妮科尔·凡海)、作家(沙尔曼·拉什迪)、音乐家(郎朗)、喜剧演员(米歇尔·佩林)、巧克力工匠(恰特尔·孔迪),还是调酒师(柯林·菲尔德),海丝特都会问他们同样的问题,包括"你的驱动力是什么?""如果明天失去了一切,你会怎么办?"

我问海丝特,与200多个"超级成功人士"交谈,她从中学到了什么?

莱西说:"一件反复被提到的事就是:'我热爱我所做的事'。他们也会说:'我每天一起床就期待着工作,我迫不及待地想要进录音室,我迫不及待地想做下一个项目。我好幸运。'他们之所以做这份工作,不是因为他们不得不做,也不是为了赚钱,而是因为有内在的激情与动力。"

———

追随你的激情,这可不是我在成长过程中所听到的建议。

相反,有人告诉我,"在真实的世界里"生存下来的现实更重要,他们说,"找到爱做的事"过于理想化,可能会导致贫困和失望。某些工作,诸如当医生,既有高收入又有高地位,尽管这些事情我现在可能不那么喜欢,但从长远来说,选择这样的工作对我更重要。

你可能已经猜到了，给我提建议的人正是我的父亲。

"那你为什么要当一个化学家呢？"我有一次问他。

"因为我的父亲让我这样做。"他没有一丝怨恨地回答道，"当我还是个孩子时，我最喜欢历史。"父亲解释说，他也喜欢数学和科学，但他的家族企业是纺织业，祖父分派他的儿子们去学习与纺织业相关的专业。"我们家需要一个化学家，而不是一个历史学家。"

后来，家族企业关闭。父亲来美国定居后，去了杜邦公司工作。35年后，退休时，他是杜邦公司最高级别的科学家。

父亲对他的工作极其投入——他经常沉浸在对一些科研或管理问题的思考中，而且他的职业生涯也非常成功。由此可见，最好的选择是实用而非激情，这似乎也是值得考虑的。

让年轻人去做他们喜欢的事，这是个非常荒唐的建议吗？在过去的十多年中，研究兴趣的科学家已经对此给出了一个明确的答案。

首先，研究表明，当人们在做一些符合他们个人兴趣的事情时，他们会对自己的工作更满意。这是一项元分析得出的结论，该分析汇总了来自不同研究的100多项数据，研究对象涵盖了我们能想到的大部分职业。比如，让喜欢思考抽象问题的人去管理复杂而烦琐的业务，他们会很痛苦，他们宁愿去解数学题。而如果让那些特别喜欢跟人打交道的人整天独自面对电脑，他们也会不快乐，他们更适合销售或教学等工作。更重要的是，工作与个人兴趣匹配度高的人感觉自己更幸福。

其次，当人们对自己做的事感兴趣时，他们会表现得更好。这是对过去60年所做的60项研究进行元分析所得出的结论。个人兴趣与职场工作相匹配的雇员，不仅工作做得更好，也更愿意帮助他人，工作稳定性也更强。个人兴趣与专业相一致的大学生，学习成绩更好，辍学的可能性更小。

可以肯定的是，你无法找到一份工作，其中的一切都是你喜欢的。世界上有很多人，他们的处境让他们没有广泛选择职业的可能性。无论喜欢与否，我们对如何谋生的选择其实都受到现实的种种限制。

尽管如此，科学仍证明了追随内在激情的智慧，正如威廉·詹姆斯在一个世纪前所预言的：那些决定我们在事业上能做到多好的"关键一票"是"欲望和激情，兴趣的力量……"

在2014年盖洛普所做的一项调查中，超过2/3的美国成年人表示，他们对工作并不投入，其中很多人说，他们甚至会"主动不投入"。

在其他的一些国家，这个方面的情况更令人沮丧。在一项对141个国家的盖洛普调查中，除了加拿大，另外140个国家选择"没投入"或者"主动不投入"工作的人的概率比美国还要高。只有13%的人认为自己是投入工作的。

由此可见，似乎只有很少的人热爱自己的工作。

我们很难将那些励志演讲所提供的热情指导和人们对工作的普遍冷漠联系在一起。当需要将我们的职业和我们喜爱的事情融合在一起时，怎么会有那么多人都做不到呢？我父亲的成功真的给这种支持激情的说法提供了一个反例吗？还有，我们应该如何理解在我出生后，我父亲的工作的确是他的激情之所在这一事实呢？我们不应该让人们继续跟随自己的激情吗？亦或，我们应该让他们跟随他人的指示？

事实上，我认为威尔·肖特茨和杰夫·贝佐斯的经历为我们提供了绝佳的启示。尽管那种认为每个人都可以全身心地热爱自己工作的想法很天真，但我还是相信兴趣很重要。没有人会对所有的事都感兴趣，但每个人都会对某件事感兴趣。所以，将工作和吸引你注意力和想象力的事情匹配起来是一个好主意。它或许无法保证快乐和成功，但是它一定有利于提高快乐和成功的可能性。

我认为，大多数年轻人不需要鼓励就会去追寻他们的激情。如果他们拥有某种激情的话，他们就会立即这样做。如果我被邀请去做一场毕业典礼演讲，我一开始就会建议大家培养自己的激情；然后，我会用剩下的时间，试着去改变他们关于如何培养激情的想法。

———

在我最初采访坚毅典范时，我以为他们都有过某个瞬间，在那一刻，他们突然发现了上帝赐予他们的激情。在我看来，那是一个可以拍成电影的故事，配上戏剧性的灯光和感人的背景音乐，有着纪念碑式的、改变一生的意义。

在电影《朱丽叶与茱莉亚》的开场情节中，茱莉亚·切尔德正在一家奢华的法国餐厅和她的丈夫保罗就餐。茱莉亚咬了一口香煎比目鱼——这份鱼煎得无比诱人，又刚刚被服务员完美地剔掉了鱼骨，这会儿正躺在诺曼底黄油酱、柠檬和欧芹里。她激动得快要晕过去了——她之前从没吃过这么好吃的东西。她一直喜欢美食，但从不知道食物还可以如此美味。

"那次就餐开启了我的心灵和精神之旅。"茱莉亚多年后说，"它让我为之着迷，并且着迷了一辈子。"

这样电影般的时刻正是我预期这些成功人士也拥有的，而且，我认为年轻的毕业生们对人生激情的理解也是这个样子的。之前你还不知道此生该去做些什么，下一刻，一切都明了了——你清楚地知道你注定要成为什么样的人。

但是事实上，大多数坚毅典范都告诉我，他们花了很多年去探索自己的兴趣，而那个最终让他们孜孜以求的事情，并不是他们第一次遇到时就会一见倾心的。

比如，奥运游泳金牌得主罗迪·盖恩斯告诉我："我从儿时起就热爱体育。进入高中后，我开始踢足球、打棒球、打篮球、打高尔夫球、打网球，所有的运动项目都逐个参加，之后，我才开始游泳。我以为我会不断尝试各种运动，直到发现我真正热爱的项目为止。"游泳让他停止了寻找，但在刚开始的时候，他对游泳也并没有一见钟情。"参加游泳队选拔的那天，我还去学校图书馆查看了田径运动的信息，因为我觉得我会被游泳队淘汰。"

在少年时期，詹姆斯·比尔德奖的获奖厨师马克·韦特里对音乐和烹饪都感兴趣。大学毕业后，他搬到了洛杉矶。"我在到那儿的一家音乐学校学了一年，晚上在餐馆工作赚钱。之后，我进入一家乐队，于是我早上去餐馆工作，这样我就可以在晚上玩音乐了。但我后来喜欢上了餐馆里的工作，在音乐方面则没有进展。就是这样。"当我问他对放弃音乐之路作何感想时，他说："音乐和烹饪都是创造性的行业。我很高兴我选择了现在这条路，当然，我本来也可以成为一名音乐家的。"

至于茱莉亚·切尔德，那一口精致的香煎比目鱼的确是一次启发，但是她领悟到的只是经典法式菜肴的神奇，而不是她将成为一名厨师、一位烹饪书作者，以及最终成为一个教美国人在自己的厨房里做酒焖仔鸡的女人。的确，从茱莉亚的自传中可以看出，这顿难忘的晚餐之后，她又有了一连串激发兴趣的经历，包括在巴黎小酒馆中吃美味佳肴；和城市露天市场中友善的鱼贩、屠夫、农产品小贩交朋友；得到两本法国烹饪书——第一本是她的法语老师借给她的，第二本是丈夫保罗送给她的礼物；在法国蓝带学院热情且严格的厨师伯格纳德的指导下上烹饪课；与两个想给美国人写烹饪书的巴黎女子相识。

如果茱莉亚，这个曾梦想当一名小说家并且"对炉子毫无兴趣"的人，在吃完那一口有着决定性意义的煎鱼之后，回到了加州老家，事情又会怎样发展呢？我们无法确切地知道这个问题的答案，但在茱莉亚与法式菜肴的浪漫史中，那第一口的煎鱼只是个初吻。"真的，我烹饪得越多，我就越热爱烹饪。"茱莉亚后来告诉她的弟媳妇，"我花了40年的时间，才找到自己真正的激情所在（猫和丈夫除外）。"

所以，尽管我们可能会羡慕那些热爱自己职业的人，但我们不应假定他们从一开始就与众不同，他们可能也花了相当长的一段时间才搞清楚自己一生的志业。毕业典礼的演讲者可能会说："我无法想象自己会选择其他的职业。"但事实上，他们早期也都曾有过从事其他行业的经历或想法。

————

几个月后，我在拉迪特网站（Reddit）上读了一篇文章，题为"兴趣多而短暂，没有职业方向"。

> 我30岁出头了，还不知道自己应该干什么。从小到大，大家一直认为我很聪明、很有潜力。
>
> 我对太多的事都感兴趣，以致我对任何事都没有真正去尝试。似乎每种职业都有一个需要花很长时间、很多经济投入才能拿到的专业证书或资格证，因此，在我还没有尝试这个工作的时候，它就已经成为一个巨大的负担了。

我很同情写这篇文章的年轻人。作为一名大学教授，我也很同情那些向我寻求职业建议的 20 多岁的年轻人。

我的同事巴里·施瓦茨为焦虑的年轻人提供建议的年头比我长多了，他在史瓦兹摩尔学院已经教了 45 年心理学。

巴里认为，阻碍很多年轻人认真发展一份职业兴趣的是不切实际的期望。他说："这和很多年轻人在找人生伴侣时遇到的问题是一样的——他们想找一个特别有魅力、聪明、善良、有同情心、体贴和幽默的伴侣。如果你对一个年轻人说，你不可能找到一个完美的爱人，这个年轻人是不会听的，他仍会坚持要找最完美的。"

"那你的妻子莫娜呢？她就很好啊！"我说。

"哦，她确实很好。但是，她完美吗？只有和她在一起，我才能幸福吗？在这个世界上，她只有跟我在一起，才能拥有很棒的婚姻吗？我不这么认为。"

巴里说，人们以为爱上一份职业应该是突然而迅猛的："很多事情中的巧妙和欣喜都是在你坚持了一段时间、深入地投入之后才体会到的。很多事看起来很没意思、很肤浅，直到你开始做了一段时间后，你才会意识到，原来有很多方面是你一开始不知道的。你看似无法彻底解决一个问题，或者彻底理解它，都需要你在这件事上坚持下去。"

略微停顿后，巴里接着说："实际上，这就像寻找人生伴侣一样。找到一个潜在的匹配对象——不是独一无二的完美匹配，而是一个有发展希望的匹配，仅仅是事情的开始。"

关于兴趣的心理机制，我们还有很多未知的地方。比如，我想知道为什么有些人（包括我）会认为烹饪是一件令人着迷的事，而很多人则对此一点儿兴趣都没有。为什么马克·韦特里会被创造性的工作所吸引，而罗迪·盖恩斯则喜欢体育运动呢？我无法回答这些问题。比较模糊的解释是，兴趣一部分来自遗传，一部分来自生活经历的作用。不过，对兴趣的演进过程所进行的相关研究提出了一些重要的观点。不幸的是，我觉得这些基本的事实尚未被很多人了解。

当我们觉得激情是一种突然的、瞬间的发现时，大多数人的想象是这样的：一口香煎比目鱼引发了你终身流连厨房的信念；你在第一次游泳比赛后探头出水时就已经预见到将来会成为一名奥运选手；当你读到《麦田里的守望者》的结尾时，忽然意识到你注定会成为一名作家。但是，与你能成为毕生激情的事件的初次邂逅却往往是这样的：它仅仅是一个开场，揭开此后漫长且不那么戏剧化的叙事部分。

对于拉迪特网站上那位，"兴趣多而短暂"以及"没有职业方向"的年轻人而言，对工作的激情应该是这样来的——最初的一点点发现，随后的大量发展，以及持续一生的深化。

下面让我来解释一下。

首先，童年时期的我们还不知道自己长大后想成为什么样的人。

研究表明，大多数人在中学时期才刚刚开始被某些职业所吸引。这是我在研究中观察到的模式，也是记者海丝特·莱西在采访超级成功者时的发现。请记住，即便是一位未来的坚毅人士，也不大可能在七年级就完全清晰地知晓自己在一些特定方面的兴趣和激情。

第二，兴趣不是通过内省发现的，兴趣是通过与外部世界的互动引发的。发现兴趣的过程有可能是凌乱的、偶然的、低效的，这是因为你无法肯定地预测什么会吸引你的注意力，你也无法简单地逼迫自己喜欢上某个东西。正如杰夫·贝佐斯所观察到的："人们犯的一个巨大的错误是，他们试图迫使自己产生一种兴趣。"不经过实践，你永远无法搞清楚哪些兴趣会持续下去，哪些不会。

矛盾的是，我们常常会忽视兴趣的最初萌发。换句话说，当你开始对某件事感兴趣时，你可能都没有意识到发生了什么。我们对无聊的情绪总是有自我意识的——当你感觉无聊的时候，你是知道的。但是，当你的注意力被吸引到一种新的活动或体验上时，你可能并不知道在你身上发生了什么。所以，当你刚刚开始投入到一件新的事情上时，无需每隔几天就紧张地问问自己这是不是自己真正的激情之所在。一切还言之过早。

第三，在发现自己的兴趣所在之后，会有一个比发现过程长得多、更加主动地发展兴趣的时期。重要的是，必须以一系列的体验去反复加强这个兴趣。

例如，NASA（美国国家航空航天局）的宇航员迈克·霍普金斯说，他高中时看了有关航天飞机的电视纪录片，这激发了他对太空旅行的终身兴趣。之后,他不断地收看关于NASA航天飞机项目的电视纪录片。很快,迈克开始挖掘更多的有关NASA的信息,并且从不间断。对陶艺大师华伦·麦肯齐来说,大学里的陶艺课是他与陶艺的最初接触,因为所有的绘画课都满员了。接下来,他读了伯纳德·利奇所写的《写给陶艺师的书》(*A Potter's Book*),然后跟随伯纳德·利奇进行了为期一年的实习。

最后,当有一堆人鼓励你、支持你时,你的兴趣会被发扬壮大,这些鼓励和支持你的人包括家长、老师、教练和同行等。为什么其他人对你兴趣的发展那么重要呢?因为他们不仅持续地提供了相关的刺激和信息,而且,正面的反馈让我们感到开心、自信并且有安全感。

以马克·韦特里为例。马克写的烹饪书和关于食物的文章给我带来了极大的阅读乐趣,但马克在学校里是个总是得"C"的学生。"我从来没有在学习上努力过。"他告诉我说,"我总觉得学习很无聊。"相比之下,马克在他意大利裔外婆的家里度过了很多愉快的周末。"她会做肉丸子、千层面和各种吃的,我总会早一点儿去帮她。到我11岁左右的时候,我便开始计划自己在家里做这些食物。"

青少年时期的马克兼职在当地的一家餐馆洗盘子。"我喜欢这份工作,我很勤快。当时,我是那种被大家排斥的人——我有点儿古怪,还口吃,学校里的每个人都认为我很怪。当时我在餐馆的感受是:太好了!我可以在这儿洗盘子,还可以一边洗盘子一边看他们做菜，甚至可以吃这里的东西。餐馆里的每个人都很好，而且他们都喜欢我。"

如果你读过马克的烹饪书，你就会知道他在食物的世界里有多少朋友和导师。翻遍整本书，没有几张照片是马克的独照。在他的《韦特里美食之旅》一书中，致谢词长达两页，上面提到了帮助过他的人，还有这句话："妈妈、爸爸，你们允许我寻找自己的人生路，并不断指导我往下走。你们永远不知道我对此有多么感激，我永远爱你们。"

激情不会像顿悟一样突然而至，而是需要积极地去发展。要知道，我们早期的兴趣是脆弱且模糊的，需要有力的、经年的培育和研磨。

————

有时，当我和一些焦虑的父母交谈时，我发现他们误解了坚毅的含义。我告诉他们，坚毅的一半是毅力，他们都赞同地点头。然后，我告诉他们没有人能够在自己完全不感兴趣的事情上坚持不懈。这时，点头通常就停止了，变成了疑惑地歪着头。

"你热爱某件事，并不意味着你就能在这件事上有所成就。"自称"虎妈"的蔡美儿如是说。"如果不努力工作的话，你就不会有好的业绩。大多数人都在他们热爱的事情上'发臭'了。"对此，我非常同意。即使是在发展兴趣这件事上，也是需要努力的——包括练习、研究、学习。不过，我认为，大多数人更多会在他们不热爱的事情上"发臭"。

所以，我想告诉天下为人父母者：在努力工作之前，先让孩子玩耍。在找到有固定的激情并准备每天花数小时来辛勤磨炼此技能之前，孩子们必须先游玩探索，从而激发和再激发兴趣。当然，发展兴趣需要时间和精力，也需要纪律和牺牲。但在这个早期阶段，新手们往往并不痴迷于变成高手，他们还没有想好未来会怎么样，他们不知道自己的终极目标是什么。此时最重要的是，他们很开心。

换句话说，即使是最有成就的专家也是从不那么一本正经的初学者开始的。

心理学家本杰明·布鲁姆采访了120名在体育、艺术或科学领域拥有世界顶级技能的人，以及他们的父母、教练和老师。布鲁姆发现，技能的发展需要经过三个不同的阶段，每个阶段都会持续几年的时间。发现和发展兴趣处于被布鲁姆称为"早期"的阶段。

在早期，鼓励是至关重要的，因为初学者仍处在不清楚是否要继续下去的时期。因此，在这个阶段，最好的导师是热情并愿意给予支持的，"他们让最初的学习变得非常愉快，且有回报。这个阶段刚开始的学习就像是一场游戏"。

早期的自主程度也很重要。对学习者进行的纵向追踪研究证实，专横的父母和老师会消减学习者的内在动机。父母若能让孩子们自主选择，就更有可能让孩子发展出后来被确定为激情的兴趣。1950年，我父亲对祖父为他指派的职业没有异议，但如今的年轻人在他们没有参与的前提下，很难对别人的指派完全"产生"兴趣。

运动心理学家让·科特发现，将轻松好玩地发现和发展兴趣这一阶段减短或省略掉，会造成可怕的后果。在他的研究中，有些运动员也像罗迪·盖恩斯一样，在儿童或青少年时期，在专攻一项运动之前，尝试过多种不同的运动，一般来说，这样的运动员的发展会更好一些。这种早期的广泛体验可以帮助年轻运动员确定哪种运动更适合自己。多方尝试还提供了对肌肉和技能进行"交叉训练"的机会，这对此后进行的集中训练是很有益的。跳过这一阶段的运动员，虽然具有早期的竞争优势，但他们身体受伤和兴趣倦怠的可能性也更大。

由此可见，专家和初学者有不同的动机需求。在刚开始投入一件事的时候，我们需要鼓励和自由，以便弄清我们真正感兴趣的是什么。我们需要小小的胜利，我们需要掌声。是的，我们可以接受一些小小的批评和纠正性反馈。不错，我们需要练习，但不能太密集，也不能太早开始。拔苗助长会挫伤初学者的兴趣，之后再想要把兴趣找回来，就非常困难了。

————

让我们回到前面所说的毕业演讲者，他们都是找到了"激情"的案例，通过了解他们早期是如何发掘兴趣的，我们可以学到很多东西。

《纽约时报》的字谜游戏编辑威尔·肖特茨告诉我，他的母亲是一位"作家和语言爱好者",他的外婆则是一个纵横字谜的粉丝。肖特茨推测,他热爱语言的倾向,很可能有遗传的因素。

但肖特茨独特的人生之路可不仅是遗传命定的结果。在学会读写后不久,肖特茨看到了一本益智游戏书。"我完全被它迷住了。"他回忆说,"我太想做一本自己的书了。"

在遇到第一本益智游戏书(他好奇心的最初触发器)之后,肖特茨又看了一大堆其他的书:"字谜题、数学谜题,等等……"很快,肖特茨知道了所有重要的益智游戏作者的名字,并收集了他的偶像山姆·洛伊德在多佛出版社出版的全套作品,以及另外6个益智游戏作者的作品。

那么,是谁给他买了这些书呢?

他的母亲。

"我记得在我很小的时候,我母亲曾邀请桥牌俱乐部的朋友来家里。为了让我安静不闹,她拿出一张纸,画出方格,并告诉我如何把一个长单词横着填和竖着填。整个下午,我都在高兴地做字谜游戏。当桥牌俱乐部的活动结束后,母亲走进来,给我的网格编号,并告诉我如何写线索。所以,这是我创作的第一个填字游戏。"

然后,肖特茨的母亲做了其他母亲(包括我在内)通常不会主动做的事:"当我开始制作字谜游戏时,母亲鼓励我把它们卖出去。作为一个作家,她会将自己写的文章投给杂志社和报社。所以,当她知道了我的兴趣后,便教我如何投稿。14岁时,我卖出了第一个字谜游戏作品；16 岁时，我成了一本益智游戏杂志的定期供稿者。"

肖特茨的母亲显然在观察什么能激发儿子的兴趣。"我母亲做了很多很棒的事。"他告诉我，"我喜欢听流行音乐和摇滚音乐，于是她便从邻居那里借来一把吉他，只要我想弹，拿起吉他就能弹。"

但是，他对音乐的兴趣远不如对制作字谜游戏的渴望。"9 个月后，见我从没碰过吉他，她把它还了回去。我想我只是喜欢听音乐，却并没有兴趣去演奏音乐。"

当肖特茨去印第安纳大学读书时，是他的母亲发现了学校的个人培养项目，这使得肖特茨能够创建自己的专业。迄今为止，肖特茨仍然是世界上唯一一个拥有"谜题学"本科学位的人。

―――――

再说说杰夫·贝佐斯。杰夫之所以有一个非比寻常的童年，与他极具好奇心的母亲杰姬有很大的关系。

杰姬在 17 岁时就生了杰夫。她说："所以，对于教育孩子，我并没有什么先入为主的观念。我对我的孩子是什么性格、他们想要做什么充满了好奇。我会关注他们对什么感兴趣（他们的兴趣各不相同），并引导他们。我觉得我有责任让他们发展自己的兴趣。"

例如，杰夫在三岁时曾多次要求睡在一张"大床"上，杰姬告诉他，他以后会睡在一张大床上的，但不是现在。第二天，她走进杰夫的房间时，发现杰夫手里拿着螺丝刀，正在拆卸他的婴儿床。杰姬没有骂他，相反，她坐在地板上帮助杰夫一起拆小床，当晚，杰夫就睡在了"大床"上。

中学时，杰夫发明了各种各样的机械装置，包括在卧室门上安了一个报警器，每当他的弟弟妹妹越过界限时，这个报警器就会发出响亮的嘀嘀声。

"有一次，他用一根线把厨房里所有橱柜的把手全部拴在了一起。这样，当你打开一扇橱门时，其他的橱门也会同时弹开。"

我试图将自己置身于那种情境之中，我想象自己不会对孩子的行为大惊小怪，我试着想象自己也能像杰姬这样做——发现自己的孩子有可能成为一个世界级的问题解决者，然后快乐地培养他的兴趣。

"我在家里的绰号是'混乱队长'。"杰姬告诉我，"这是因为无论孩子们想做什么事，我都是可以接受的。"

杰姬记得，有一次，杰夫决定搭建一个无限立方体，就是一组机动化的镜子，互相反射彼此的图像。当时，她正与一个朋友聊天。"杰夫来到我们身边，告诉我们这个设计背后的科学原理，我一边听一边点头，时不时地问一个问题。他离开后，朋友问我是否都听懂了，我说，'我是否全都听明白了并不重要，重要的是我一直在听'。"

高中时，杰夫把家里的车库变成了一个发明创造的实验室。有一天，杰姬接到了杰夫高中老师打来的电话，说杰夫在午饭后逃课了。当杰夫回到家时，杰姬问他下午去了哪里。杰夫告诉她，他找到了一位当地的教授，那位教授让他用飞机的机翼做实验，了解摩擦和阻力……"好吧。"杰姬说，"我知道了。现在，咱们看看能不能商量出一个更合规矩的方法去做这件事。"

在大学里，杰夫主修计算机科学和电子工程，毕业后，他将自己的编程技能应用到投资基金的管理中。几年后，杰夫创建了一个以世界上最长的河流命名的互联网书店——亚马逊（Amazon.com）。

―――――

"我总是在学习。"威尔·肖特茨告诉我。"我总是在以一种新的方式拓展我的思维，试图找到一个词的新线索，搜索一个新的主题。有位作家曾说，如果你厌倦了写作，就意味着你也厌倦了生活。我认为谜题也是一样——如果你厌倦了解谜，说明你也厌倦了生活，因为它们是变化多样的。"

跟我谈过话的每一个坚毅典范，包括我的父亲，都说过同样的话。我发现，一个人越是坚毅，可能做出的职业变化就越少。

相比之下，我们都认识一些习惯将自己投入到一个新项目中的人，他们似乎对这个项目有强烈的兴趣；但是，几年后，他们又会将兴趣转移到另一个完全不相干的领域上去了。虽然追求不同的业余爱好看似没什么坏处，但无休止地更换新的职业，从来没能安定下来，则是一个很严重的问题。

"我称他们是短期工作者。"简·戈登告诉我。

简作为一个深受尊敬的壁画艺术项目主任,在我的家乡费城推广公共艺术已超过 30 年。最近,在她的帮助下,超过 3 600 座建筑物的墙壁上被画满了壁画,这是全美最大的公共艺术项目。她对壁画艺术的热爱可谓"坚持不懈",简对此表示同意。"短期工作者在这里工作了一段时间,然后他们离开了,然后再到别的地方,如此这般。我看着他们,就好像他们来自另一个星球,因为我很好奇:'怎么了?你们为什么不能专注于一件事呢?'"

从根本上说,一个人在做某件事情一段时间之后,就会出现无聊的情绪,这是一种非常自然的反应。即使是小婴儿,他们也往往倾向于将目光远离已经看到的东西,而转向新鲜事物。事实上,兴趣(interest)一词来自拉丁语"interesse",意思是"不同"。在字面意义上,若要有趣,就是要有所不同。人类的天性就是喜新厌旧。

尽管对一件事情感到厌倦是常见的,但这并非不可避免。如果你重新再看坚毅力量表,就会发现,有一半的问题是关于你的兴趣能否在长时间内保持一致。这就回到了一个事实:坚毅不只是发现自己的兴趣,更重要的是学会深化自己的兴趣。

年轻的时候,简认为她会成为一名画家。现在,她在与官僚主义的繁文缛节做斗争,筹措钱款,并与社区政治周旋。我不知道她是否愿意将自己的生活牺牲在她认为更有意义却更无趣的事情上。我想知道,她是否放弃了对新奇事物的好奇心。

"当我不再画画时，是非常难过的。"简告诉我。"但后来我发现，发展壁画艺术也是一项创造性的事业，这是很棒的，因为我是一个好奇心非常强的人。"

从外表看，你可能会觉得我的生活是平淡无奇的："简，你只是在运营一个壁画艺术项目，你永远在做这么一件事。但事实并非这么简单。今天，我去了一个安全等级最高的监狱，我还去了教堂，跟一位副委员见了面，与一个市议会的人进行了会谈。我在为一个艺术家的居住项目工作，我还看到孩子们毕业了。"

然后，简用了一个画家的类比："我就像是一位艺术家，每天早上看着天空，看到各种灿烂的颜色——其他人只能看到蓝色或灰色。我看到了一天当中这种巨大的复杂性和细微的差别，我看到了很多不断变化和更丰富的内容。"

心理学家保罗·西尔维亚是兴趣情绪领域的权威。他认为，婴儿出生时对这个世界一无所知，他们需要通过体验来学习所有的技能。如果婴儿没有对新奇事物的强烈内驱力，他们就不能学到足够的技能，从而不太可能生存下来。"所以，兴趣，学习新技能的欲望，探索世界、寻求新奇的渴望、关注变化和多样性的需求，是基本的内驱力。"

那么，我们怎么解释坚毅典范们在一件事上持久的兴趣呢？

保罗也发现，专家们常说"我知道的事越多，就会发现自己懂得的越少"之类的话。例如，约翰·邓普顿爵士开创了多元化共同基金的理念，他创办的慈善基金的座右铭是："所知有限，求知无涯。"

保罗解释说，关键在于，"新"对初学者来说是一回事，对专家来说是另一回事。对初学者来说，"新"是他们从未见过的东西；而对专家来说，"新"是细节上的差别。

保罗说："就拿现代艺术来说吧。不同的作品对新手来说可能很相似，但对专家来说就非常不同。新手没有必要的背景知识，他们只看到颜色和形状，不知道它到底是什么。但艺术家就有相当丰富的理解，他们已经发展出对细节敏锐的洞察力，大多数人根本看不出这些细节上的差别。"

又如，奥运会中解说员的实时评论："噢！那个勾手三周跳有点儿短了！""那个蹬壁的时间恰到好处！"你坐在那里，心想：这些解说员怎么能在没看到慢动作回放的情况下就看出两位运动员动作上的细微差别呢？这是因为专家有积累的知识和技能，他们能看到象我这样的新手看不到的细节。

———

如果你想追随内在的激情，那么你应该从头开始，发现激情之所在。

问自己几个简单的问题：我喜欢思考什么？我的思绪经常在哪里游荡？我真正关心的是什么？对我来说，最重要的是什么？我喜欢怎样利用自己的时间？我完全不能忍受的是什么？如果你觉得回答这些问题有些困难,那么可以试着回忆一下自己在青少年时期的情况,通常这是职业兴趣开始萌芽的时期。

只要脑海里有了大致的方向,你就要去激发正在生成的兴趣。你可以走出去探索世界,要做些事情。对于搓着手不知道该做什么的年轻毕业生,我会说:去实验!去尝试!你从中学到的肯定比什么也不做要多得多。

在探索早期,你可以参考威尔·肖特茨在《怎么解答〈纽约时报〉的填字游戏》一文中所提到的一些规则。

"从你最确定的答案开始"。就算你不确定自己的兴趣,你也知道有些事是你讨厌做的,有些事情看起来比其他事更有前景。这就是一个开始。

"要大胆去猜"。在发现兴趣的过程中,会有很多尝试和错误出现。不像填字游戏只有一个答案,你能够做并且可能发展为激情的不是只有一件事,你不必寻找"最正确"或"最好"的那一件,选择你直觉上认为好的方向就可以了。只有尝试了一段时间后,你才能知道它是否适合你。

"别怕擦掉不合适的答案"。某些时候,你可以选择用永久性的墨水写下自己的顶级目标。不过,在你确定之前,不妨先用铅笔写。

另一方面,如果你已经知道了自己喜欢在哪些事情上花时间,那么,就到了发展这个兴趣的时候了。在发现了兴趣之后,要接着发展兴趣。

请记住，兴趣必须被反复激发。要找到相应的方法，并且要有耐心。发展兴趣需要时间。要持续地提出问题，让问题的答案引导你思考更多的问题。要持续探索。寻找与你有共同兴趣的人，寻找一个能激励你的导师。不管你的年龄多大，随着时间的推移，作为一名学习者，你将变得更加积极和广博。经过几年，你的知识和专业技能会增长，同时增长的还有你的自信心以及好奇心。

最后，如果你已经为某种兴趣付出了几年时间，但仍然不能称其为"激情"的话，那么就要看看你是否能加深你的兴趣了。由于大脑渴望新奇感，你会想去做新的事情，这是说得通的。但是，如果你想在某件事情上坚持多年，那么就需要想办法享受那些只有真正的酷爱者才能欣赏到的细微差别。威廉·詹姆斯说："引人关注的是新事物中的熟悉之处，要在熟悉的事物中看到新意。"

总之，"追随自己的激情"并不是一个坏主意。不过，了解激情最初是怎么培养出来的则更有帮助。

第 7 章
—
10 000 小时的刻意练习与令人喜悦的心流体验

在我最早的一项研究中,我发现,在美国拼字比赛中,更具坚毅品格的孩子的练习时间会更多一些,这些额外的练习时间让他们在最终比赛中有优异表现。

作为一名数学老师,我看到了我的学生在付出努力方面的巨大差别——有些孩子每周花在做作业上的时间几乎为零,有些孩子则每天都要学习好几个小时。研究表明,坚毅力强的人与其他人相比,其坚守承诺的时间更长。看来,简单而言,坚毅最大的优势就是,它能让一个人在某项任务上花费更多的时间。

同时,很多人有几十年的工作经历,但其能力似乎一直停滞在中等水平。想一想,你是否认识某个人,工作了很长时间,或许是整个职业生涯,但你仍只能说他们的技能一般。我的一个同事开玩笑说:"有些人拥有 20 年的工作经验,而另一些人则是把一年的工作经验重复了 20 回。"

"kaizen"在日语中的意思是："突破发展受限的瓶颈"，即"持续进步"。不久前，它被吹捧为"代表了日本繁荣而高效的制造业背后的核心原则"，美国的商业文化对此也颇为动心。在采访了许多坚毅典范后，我发现他们无一例外都展现出了"kaizen"的特质。

同样，记者海丝特·莱西已经注意到，她采访的"超级成功者"都具有强烈的欲望，都想要进一步超越自己已经拥有的卓越的专业水平。"某个演员可能会说：'我可能永远无法完美地扮演角色，但我想尽我所能地演好。在每一个角色中，我都想带来一些新的东西。我想要进步。'某个作家可能会说：'我希望我写的每一本书都比前一本好。'"

"那是一个持续做得更好的愿望。"海丝特解释说，"它与自我满足相反。这是一种积极的心态，而不是消极的心态。它不是带着不满回头看，而是展望未来并且希望成长。"

———

我想知道，坚毅是否不仅在于投入某个兴趣的时间长度，还在于投入的质量？坚毅是否不仅在于在某项任务上花费了更多的时间，还在于更好地利用了时间？

我开始尽可能多地阅读有关如何提高技能的相关资料。

很快，我踏进了认知心理学家安德斯·埃里克森的大门。埃里克森的研究方向是有关人们如何获得世界级技能。他研究了奥林匹克运动员、国际象棋大师、著名钢琴家、芭蕾舞女演员、职业高尔夫球手、拼字冠军和放射学家等,这个职业清单还很长。

可以说,埃里克森是研究世界级专家的世界级专家。

我画了一幅图,总结了埃里克森的发现。如果你追踪某位国际知名高手的发展轨迹,你就能发现他们的技能在随着时间的推移而逐渐提高。当他们变得更加优秀时,他们的进步速度反而会减慢。这适用于所有的人。你对自己所在的领域了解得越多,你进步的幅度也会一天天变小。

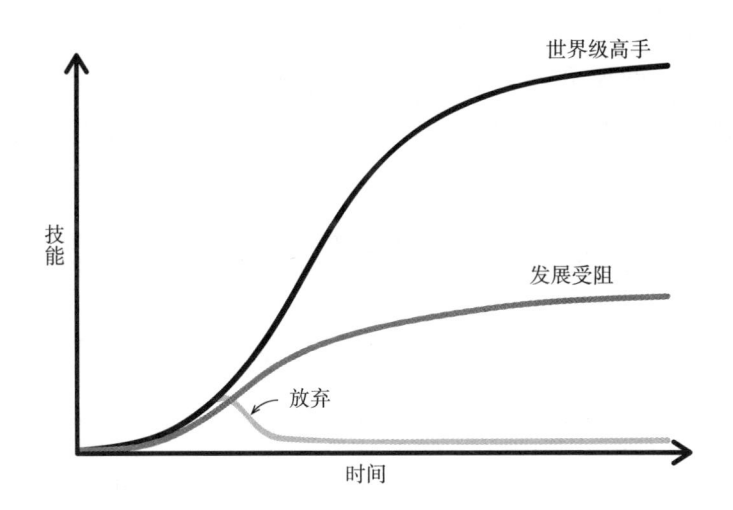

技能发展有学习曲线并不令人吃惊,令人吃惊的是技能发展的时间表。埃里克森在一项研究中发现,德国一所音乐学院里那些最优秀的小提琴手在达到精英水平的专业能力之前的十年,已经积累了约 10 000 小时的练习。相比而言,成就较低的学生在同样时间内积累的练习时间只有他们的一半。

也许这不是巧合，舞蹈家玛莎·葛兰姆说："成为一名成熟的舞蹈演员大约需要 10 年时间。"一个多世纪前，心理学家在研究电报员时发现，对摩斯密码十分熟练的发报员很少，因为这需要"多年刻苦的学习和训练"。需要多少年呢？研究人员总结说："成为一名特别熟练的发报员需要 10 年。"

如果你读过埃里克森的原始研究，你就知道，经过 10 年、10 000 小时的练习只是一个粗略的平均数。他研究的一些音乐家，有些在过去十年拥有 10 000 小时的练习之前就已经达到了专业的高水平，有一些人则是在 10 000 小时的练习之后。但是，有一个很好的理由可以解释为什么"10 000 小时法则"和"10 年法则"会迅速流行，因为这让你对需要付出的时间有了一定的概念——不是几个小时，不是几十个小时，也不是几百个小时，而是年复一年、长达成千上万个小时的练习。

―――――

然而，埃里克森研究中的关键发现在于，并不是高手们练习的时间更多，而是高手的练习的方式不同。与大多数人不同，高手们会花费成千上万个小时进行埃里克森所谓的"刻意练习"(deliberate practice)。

我不知道埃里克森是否可以回答这个问题：既然练习是如此重要，为什么经验的积累不总是导致卓越？我决定以我自己为例，向他请教这个问题。

"你看，埃里克森教授，自从18岁以来，我每天都会慢跑一个小时，每个星期跑几次，但我的速度一点儿也没有提高。我已经跑了几千个小时，但我离参加奥运会的水平仍然很远。"

"这很有意思。"他回答说，"我可以问你几个问题吗？"

"当然。"

"你训练的时候有一个具体的目标吗？"

"为了健康，为了能穿得进我以前的牛仔裤。"

"好的。但是，当你跑步的时候，对于你想要跑的速度或距离有没有一个目标？换句话说，你跑步时是否有一个你试图去改善的特定的方面？"

"嗯，不，我想我没有。"

"那么，跑步时，你在想什么？"

"哦，我会听广播，有时我会想那一天我需要做的事情，比如晚饭做什么。"

然后，他确认了我没有用任何系统的方法来追踪自己的跑步练习，我没有记录跑步的速度、距离、路线、心率等。我的日常练习没有变化，每一次跑步都和上一次一样。

"我猜你没有教练吧？"他问道。

我笑了。

他会心地说："我想我知道了——你没有进步，是因为你没有做刻意练习。"

这是专业高手的练习方式。

首先,他们会专注于整体表现中一个非常小的方面,并设立一个提升性的目标。高手并非专注于他们已经做得很好的方面,而是会努力改善某个具体的弱点。他们会有意地挑战尚未达到的目标。例如,奥运游泳金牌得主罗迪·盖恩斯说:"每一次练习,我都会努力战胜自己。如果教练一天要我完成10个100米,保持在1分15秒以内,那么第二天,当他要我完成10个100米时,我会尽量保持在1分14秒以内。"对此,艺术大师、小提琴家罗伯托·迪亚兹将其描述为:"努力找到你的阿喀琉斯之踵——音乐练习中需要解决的具体问题。"

然后,通过全神贯注地投入和努力,高手们将会实现他们的提升性目标。有趣的是,即使没有人在旁边监督,他们还是会选择这样做。篮球巨星凯文·杜兰特说:"我有70%的时间是在独自一人努力练习,只是为了调整我在比赛中的某一个细节。"同样,音乐家单独投入练习的时间,比与其他音乐家一起练习的时间更能够预测他们的进步速度。

很快,高手们就会如饥似渴地寻求外界对他们表现的反馈。他们最想听的主要是负面反馈,他们更感兴趣的是他们做错了什么,这样,他们便可以进行修正。这个主动寻求反馈的过程与反馈的及时性一样重要。

例如，有一位从医生转型的企业家克里斯坦森，他根据刻意练习的原则设计了一款适应性学习软件。其中一个项目是一款虚拟现实游戏，用于教授医生如何正确处理紧急、复杂的突发问题，包括中风和心脏病。在一次练习中，他发现有一个医生似乎无法完成任务。

"我无法理解。"克里斯坦森告诉我说，"他并不笨，但在对他的错误进行了几个小时的详细反馈后，他仍然不知道正确的答案。其他人都回家了，而我们还被困在训练基地。"就在他要接收下一轮反馈时，克里斯坦森生气地阻止了他。"等一等。"克里斯坦森说，"你刚刚在治疗这个病人的时候，做了什么？有没有什么地方，你对自己所做的诊断不是很肯定？有没有任何你不确定是否符合新准则的地方？"

医生想了一会儿，然后列出了他确定的决定，又列举了一些不确定的选项。

克里斯坦森边听边点头。当医生说完后，他让这位医生看电脑屏幕。先前十几次，电脑都给出了与医生相同的反馈。在之后的试验中，医生正确地完成了任务。

反馈过后又是什么呢？

在收到反馈后，高手们将一遍又一遍地进行改进练习，直到他们掌握了相关的技能，直到先前的失误变成了现在的娴熟和完美，直到意识到的不足变成无意识中的能力。

在克里斯坦森的故事中，那位医生终于花时间对自己的行为做了一番思考。然后，克里斯坦森让他不断练习，直到不会再出任何错误。连续4次完全正确后，克里斯坦森说："很好，今天我们就到这儿。"

然后，该做什么呢？在掌握了一个提升性目标之后，又要做些什么？

高手们重新开始了一个新的提升性目标。这些细微的进步加起来就是灿烂的成就。

———————

刻意练习最先研究的对象是象棋选手，然后是音乐家和运动员。如果你不是一位象棋选手，也不是音乐家或运动员，你可能会问，刻意练习的一般原则是否也同样适合你。

我可以毫不犹豫地告诉你答案：是的。即使是最复杂、最具创造性的人类能力，也可以被分解成多个子技能，每一个子技能都可以被练习、练习、再练习。

例如，本杰明·富兰克林就曾说过，他就是用刻意练习来提高写作水平的。富兰克林在自传中说，他会收集杂志《观察家》中最好的文章，然后反复阅读、记笔记，并将原件收藏在抽屉里。接下来，富兰克林会重新把文章写一遍。"我把自己写的文章与原文进行比较，找到我的缺点并加以改正。"例如，为了提高逻辑论证能力，富兰克林会打乱文章的笔记，然后试图把它们按照合理的秩序重新整合起来："这是为了让我掌握理顺思路的方法。"同样地，为了提高自己的语言能力，富兰克林一遍又一遍地练习，将散文改写成诗歌，把诗歌改写成散文。

富兰克林妙趣横生的格言让人难以相信他不是一个"天生的"作家，但我们也许应该让富兰克林自己来道出实质："没有辛苦，就没有收获。"

如果你身处商业领域，就来听一听管理大师彼得·德鲁克所说的话吧：有效的管理"需要做一些明确而且相当简单的事情，包括一些练习……"

如果你是一名外科医生，那就想一想阿图尔·葛文德所说的："人们常常以为，只有拥有十分灵巧双手的人才能成为一名外科医生，但事实上，并非如此。最重要的是，年复一年、夜以继日地练习这件困难的事。"

如果你想打破世界纪录，像魔术师戴维·布莱恩在水下憋气17分钟那样打破世界纪录，那就看看他的TED演讲吧。在演讲的最后，作为一个可以控制自己各方面生理机能的人，他情绪失控了，哽咽着说："我试图向人们展示看似不可能的事情。我认为魔术，无论是屏住呼吸或是洗牌，都非常简单，只需要练习、训练，只需要尝试。"他再次哽咽："突破痛苦，尽力做到最好，这就是魔术对我的意义……"

———

我和埃里克森更熟识之后，我们一起设计了一个研究，首先探索为什么坚毅力更强的孩子会在全美拼字比赛中获得胜利。

我已经知道,坚毅的参赛者积累了更多的练习时间,比其他竞争对手表现得更好。而我不知道的是,是不是刻意练习促进了技能的进步,是不是坚毅的品质让选手练习得更多。

在埃里克森学生的帮助下,我们采访了参加全美拼字比赛决赛的选手,想了解他们为准备比赛都做了哪些事情。同时,我们仔细研究了这方面的书籍,包括由比赛总监佩奇·金布尔写的《如何像冠军一样拼字》。

我们发现,经验丰富的参赛者及他们的父母和教练所推荐的活动基本上可以分为三类:第一类,为愉悦而阅读,以及玩文字游戏,如拼字游戏(scrabble);第二类,由他人或计算机程序进行测试;第三类,独自做拼字练习,包括记背词典中的新单词,复习拼字笔记本中的词汇,记忆拉丁、希腊和其他词源。只有第三类活动符合刻意练习的标准。

决赛开始前几个月,我们向参赛者发送了问卷。除了坚毅力量表,我们还要求他们完成一份日志,估算每周花在各种拼字活动中的时间。我们还要求他们从愉悦程度和努力程度两个方面对从事这些活动时的感受进行评价。

当年5月,当总决赛在电视台播出时,埃里克森和我都在观看。

奖杯最终花落谁家?一位名叫凯瑞·克劳斯的13岁女孩。这是她连续第5年参加比赛。从她的日志中,我估计她已经积累了至少 3 000 个小时的拼字练习。凯瑞带着自信与微笑，用麦克风拼出让她获胜的最后一个单词："ursprache（原始语），U–r–s–p–r–a–c–h–e。"

"在过去的一年中，我尽己所能去努力学习——为它而战。"凯瑞告诉记者："我试着去学习常规词汇表以外的单词，学习更多生僻的单词。"一年前，这位记者通过观察发现，凯瑞"大多时候都在独自学习。她研究了很多拼写指南，从阅读中列出了有趣的单词，并埋头苦背字典"。

当我们分析数据时，首先证实了我一年前的发现：越坚毅的参赛者练习的时间越久。但最重要的发现是，练习方式对结果起着至关重要的作用。刻意练习比其他类型的备战方式更有利于参赛者在决赛中晋级。

当我将这些发现分享给家长和学生时，我会赶紧补充说："测验在学习上有许多好处，其中之一就是能暴露出你以为掌握了而实际上没有掌握的知识。"获胜者凯瑞后来告诉我，事实上，她就是用测验来发现自己的弱点，找出她一直拼错的某个或某类词汇，从而集中精力掌握它们。从某种意义上说，测验是进行更有针对性、更加高效的刻意练习的前奏。

那么，为愉悦而阅读呢？其实并没有作用。几乎所有参加全美拼字比赛的孩子都对语言感兴趣，但没有任何迹象表明，将阅读作为享受的乐趣，与拼学的技能之间有任何联系。

如果你用技能的提高程度来评价各类练习的效果，那么，刻意练习就没有对手了。全美拼字比赛的参赛者为竞争付出的时间越多，他们对刻意练习的价值就越认可。随着逐年的经验累积，他们会花更多的时间来进行刻意练习。在决赛前的几个月，这个趋势更加明显，每一位选手平均每周都会投入10个小时进行刻意练习。

然而，如果你根据自己的感受来评价各类练习，你可能会得出一个不同的结论。通常，与其他准备竞赛的方式相比，参赛者对刻意练习的评价是：做刻意练习明显地需要更多的努力，但愉悦感却很少。相反，为了乐趣而阅读以及玩拼字游戏，这对参赛者来说就像是"吃自己喜欢的食物"一样，无须努力就能获得很多乐趣。

舞蹈家玛莎·葛兰姆对刻意练习的描述颇为生动形象——尽管有一点儿夸张："跳舞是迷人的、轻松的、令人愉快的，但在舞蹈方面通往至高成就的道路并不比其他任何领域轻松。疲劳感是如此强烈，以致连睡梦中，身体都在哭泣；有时候，挫折感会非常强烈，每天都像经历了一场小小的死亡。"

不是每个人都会用这么极端的方式来描述工作中令人不舒服的体验，但埃里克森发现，刻意练习给人的体验是：需要超级多的努力。证据显示，在技能的极限状态下，全神贯注地去努力，是非常费力劳心的。他指出，即使是世界级的高手，在他们职业生涯的巅峰期，每次也只能进行最多一个小时的刻意练习，然后就需要休息。而且总的来说，他们每天只能进行3~5个小时的刻意练习。

与此相关的是，很多运动员和音乐家在最密集的训练过后都要小憩片刻。为什么呢？休息和恢复对运动员来说显然很必要，但非运动员对高强度工作的感觉也一样，这说明脑力劳动与体力劳动一样，刻意练习都非常耗人。例如，导演贾德·阿帕图是这样描述拍电影的过程的："每一天都是一次试验，每一个场景都可能失败，所以你必须一直用心琢磨。'这样做行得通吗？我应该再拍一条吗？如果我不得不改变，那么我应该改变哪些东西？'你的注意力高度集中，你身心疲惫……确实非常耗人。"

而且，世界级的高手退役后，往往就不会继续坚持刻意练习了。如果练习是令人愉快的（纯粹因为它本身而令人愉快），那他们应该会继续做刻意练习的。

我和埃里克森开始一起工作一年后，著名的心理学家米哈里·契克森米哈赖以驻校学者的身份在宾夕法尼亚大学住了一个夏天，他也致力于研究专家级的高手，但他和埃里克森的研究角度大相径庭。

对于契克森米哈赖来说，高手的标志性体验是"心流"（flow），这是当一个人的注意力完全集中时"自然产生的"状态。心流出现在面临高水平的挑战而且自认为能"应对自如"的情况下，就仿佛"你无须思考，行为自现"。

例如，一个交响乐指挥家告诉契克森米哈赖：

> 我处于一种狂喜的状态，感到自己仿佛不存在……我的手似乎脱离了我的身体，对于所发生的一切，我并没有做什么，我只是坐在那里，用敬畏和惊叹来看这一切。然后，"音乐"就自动流淌出来了。

一位竞技花样滑冰运动员这样描述心流状态：

> 好像点开了一个程序。一切都非常顺利，一切都感觉很好……一切都来得太快，它似乎会一直一直继续下去，你不希望它停下来，因为一切都那么美好。你不必思考，一切都会自动发生……

契克森米哈赖已经从数百名高手那里收集到了类似的第一手资料。在他研究的每一个领域，人们都在用相似的语言描述高峰时的体验。

埃里克森对刻意练习能否像心流体验那么愉悦表示怀疑。在他看来，"技能高超的人在表现中有时能体验到高度的愉悦状态（即契克森米哈赖所描述的'心流'），然而，这种状态是与刻意练习不相容的……"为什么？因为刻意练习是认真规划出来的，而心流体验是自动发生的；刻意练习的条件就是挑战的难度超过现有的技能水平，而心流体验通常发生在技能与挑战的水平相平衡时。更重要的是，刻意练习需要格外的努力，而心流体验按其定义来说，应该是毫不费力的。

契克森米哈赖发表了相反的观点:"天赋发展的研究者认为,精通任何复杂的技能都需要大约10 000小时的练习……而且这种练习可能是很无趣且不愉快的。尽管情况往往确实如此,但因果关系则很难说。"契克森米哈赖还分享了一则个人的故事来解释他的观点。在他成长的国家匈牙利,当地小学在高高的木门上挂了一个牌子,上面写道:"知识的根是苦涩的,但它的果实是甜美的。"对这句话他一直不以为然:"虽然学习是艰苦的,但它并不是苦涩的。如果你觉得学习有价值,并且可以让你掌握知识,而且练习你所学的知识可以让你表达自己、帮助你达成你的目标的话,那么学习就不苦了。"

―――――

那么,究竟谁是正确的呢?

命运自有安排。在契克森米哈赖来访的那年夏天,埃里克森也在费城。我安排他们以"激情与世界级的表现"为题进行对话,听众是80名教育工作者。

当他们坐在礼堂时,我意识到,这两个男人极度相似——他们都高大魁梧,都出生在欧洲,都有轻微的口音(这口音不知何故让他们似乎更加非凡、更具学者风范)。两个人都有修剪整齐的胡子,虽然契克森米哈赖的胡子全白了,但如果你要找人扮演圣诞老人,这两位都是很好的选择。

在即将展开辩论的那一天,我有点儿紧张。我不喜欢冲突——即使不是发生在自己身上。

事实证明,我没有什么可以担心的——刻意练习与心流体验的主张者都是完美的绅士,他们没有互相贬损,甚至没有一丝不敬。

埃里克森和契克森米哈赖并肩坐着,轮到他们中某个人讲演的时候,这个人就拿起麦克风讲话,每个人都有条不紊地总结自己几十年以来的研究,以支持自己的观点。当其中一个人在发言的时候,另一个人就专心地听着,然后交换麦克风。就这样度过了90分钟。

我想知道,高手们会在刻意练习中感到痛苦,还是会在心流体验中感到喜悦?

我希望他们的对话能解决这个难题,但这场对话却成了将两个观点黏在一起的独立演讲——一个是关于刻意练习,另一个是关于心流体验。

当一切结束的时候,我发现自己有点儿失望。这倒不是因为我错过了戏剧性的冲突,而是因为问题没有得到解决。我的问题仍然没有得到答案:高手们取得成就,是源自艰难而乏味的努力,还是轻松而又愉悦的体验呢?

———————

之后的很多年时间里,我一直在阅读并思考这个问题。最后,因为我始终无法认定其中一个观点而否定另一个,我决定收集一些数据。我邀请在线填写了坚毅力量表的数千名成年人进行关于心流体验的第二次测试。这项研究的参与者包括各个年龄段的男性和女性，他们来自各行各业，有演员、面包师、银行职员、理发师、牙医、医生、警察、秘书、教师、服务员、焊工等。

通过横跨不同职业的数据，我发现，坚毅力更强的成年人，其心流体验也会更多。

结合这项调查及其他研究，我得出以下结论：坚毅力更强的人会做更多的刻意练习，并得到更多的心流体验。这并不矛盾，原因有两个。第一，刻意练习是一种行为，而心流是一种体验。埃里克森谈论的是高手的行为，而契克森米哈赖谈论的是高手的感受。第二，你不必在同一时间里同时进行刻意练习并体验心流。而且，我认为对于大多数高手来说，他们也很少同时经历这两者。

解决这个问题还需要更多的研究，在今后的几年里，我希望能和埃里克森以及契克森米哈赖一起合作。

目前，我的观点是：人们进行刻意练习的主要动机是为了提高技能。你集中100%的精力，刻意将挑战的层次设置在目前的技能水平之上。你处于"问题解决"模式，分析所做的每一件事，让一切更接近你所设立的目标。你得到了反馈，而且很多反馈是关于你出错的地方，然后，你使用反馈来进行调整，并再次尝试。

然而，人们在心流体验过程中的主要动机完全不同。心流的状态本质上是令人愉快的。你不在乎自己是否正在改进技能上的不足之处。虽然你有100%的专注，但你并没有处于"问题解决"模式之中。你没有分析自己在做什么，你只是在做。你得到了反馈，但因为你挑战的层次刚好符合你目前的技能水平，所以你知道自己做得很不错。你觉得你可以掌控一切，因为你确实控制了一切。你"漂浮"着，忘记了时间。无论你跑得多块，或是思考得多么仔细，当你处于心流体验中时，你都会对所有的事情感到毫不费力。

换句话说，刻意练习是为了准备，而心流是为了表现。

让我们回头来说说游泳运动员罗迪·盖恩斯。

盖恩斯告诉我，他曾经用表格统计过赢得一枚奥运会金牌需要进行多少训练，以培养耐力、技术、信心和判断力。在1984年奥运会之前的8年中，以每次增加50码来训练，他累计游了至少20 000英里。

"我在世界各地游泳，"他带着温柔的笑容告诉我，"就为了一场持续49秒的比赛。"

"你享受那些里程吗？"我问道，"我的意思是，你喜欢训练吗？"

"我不想说谎，"他回答说，"我从来没有真正地喜欢过训练，我在训练的时候确实没有享受的感觉。事实上，当我早晨4点走向泳池的时候，或者当我无法忍受疼痛时，确实会有那么一些短暂的瞬间，我会想：'天哪，这一切值得吗？'"

"那么你为什么没有放弃呢？"

"很简单。"他说，"这是因为我喜欢游泳……我热爱竞争，热爱训练的结果，热爱健康的感觉，热爱胜利、旅行、结交朋友。我讨厌训练，但我对游泳本身是热爱的。"

奥运会赛艇金牌得主迈兹·拉斯穆森做出了类似的解释："赛艇

训练是一项艰苦的工作。当它很无趣的时候,你必须做你需要做的事情,因为当你取得金牌时是无比快乐的,你会享受到最后成功的喜悦,这就是让你一路坚持下来的动力所在。"

多年"挑战超越技能"的练习,产生了"技能匹配挑战"的心流体验,这解释了为什么精英人士的表现看起来那么轻松:在某种意义上,就是如此轻松。例如,18岁的游泳运动员凯蒂·雷德基最近打破了她保持的1 500米自由泳世界纪录,而且是在俄罗斯的一场预赛中被她打破的。"说实话,我感觉很容易。"雷德基后来说,"我很放松。"但雷德基并没有将她的表现归功于心流:"打破纪录是对我付出的努力和目前状态的证明。"

事实上,雷德基从6岁开始学习游泳,她在每一次训练中都很拼,也因此而出名,有时她为了增加挑战性,会与男运动员一起训练。三年前,雷德基讲述了她在比赛中以微弱优势战胜对手,最终赢得800米自由泳金牌的经历。"在游泳方面,有一件人们并不完全了解的事。"她后来说,"那就是你在训练中所付出的努力都会在比赛中反映出来。"

关于长时间刻意练习所带来的毫不费力的心流体验,我想讲讲自己的故事。几年前,一位叫朱丽叶·布莱克的制片人打电话问我是否有兴趣做一次6分钟的TED演讲。"当然。"我说,"这听起来很有趣!"

"太好了！在你的演讲准备好之后，我们将有一个视频会议，我们会在这里看你演讲，并给你一些反馈，这有点儿像排练。"

嗯，"反馈？"指的是除了掌声以外的东西吗？我放慢了语速说："当然……这听起来不错。"

与朱丽叶和她的老板、TED领导人克里斯·安德森视频会面的那天，我提前做好了准备。我在规定的时间里对着网络摄像头发表了我的演讲，然后等待着热烈的夸奖。

如果他们当时对我有任何夸奖的话，那一定是我错过了。

相反，克里斯告诉我，他迷失在了我的科学术语中——我的演讲太文绉绉了，幻灯片也太多了，而且没有足够清晰且易于理解的例子。另外，我是如何开始整个研究过程的——我从教师到心理学家的转型之路，也讲得不够清楚。朱丽叶补充说，她认为我在讲一个毫无悬念的故事。我设计的演讲方式就好象说笑话的人一开场就把包袱给抖出来了。

哎哟！真那么糟糕吗？朱丽叶和克里斯都很忙，我知道我不会有第二次接受指点的机会，所以我强迫自己去听他们的意见。后来，我仔细思考了这个问题："对做一场关于坚毅的出色演讲，谁更在行？是他们，还是我？"

很快，我意识到他们才是经验丰富的故事讲述者，而我只是一个需要反馈来让自己讲得更好的科学家。

因此，我重写了演讲稿，在家人面前练习，并得到了更多的负面反馈。"为什么你一直说'嗯'呢？"我的大女儿阿曼达问。"是啊，妈妈，你为什么要这样呢？"我的小女儿露西插嘴道，"当你紧张的时候，你会咬你的嘴唇。不要这样做，这会分散听众的注意力。"

我进行了更多的练习，以及更多的改进。

之后，重要的一天终于来到了。我的演讲与最初的演讲大不相同，这次比第一次要好太多了。这次演讲中，你会看到我处于心流的状态。如果你在视频网站上搜索此前的多次演练，即刻意练习的情景，我猜你会一无所获。

没有人会向你展现漫长的改善过程，他们宁愿让你看到改善后的丰采。

当演讲结束后，我跑向在台下为我加油的丈夫和婆婆，并且迫不及待地说："我只想听热烈的赞美！"当然，他们夸奖了我。

———

最近，我一直在询问不同领域的专家，请他们详尽说明进行刻意练习是一种怎样的体验。许多人赞同舞蹈家玛莎·葛兰姆的说法："尝试去做你还做不到的事，是令人沮丧的、不舒服的，甚至是痛苦的。"

不过，也有一些人指出，事实上，刻意练习的体验也可以是非常正面的，不仅是从长期的角度看，也可以在练习的当下。他们用来描述刻意练习的词既不是"开心"，也不是"苦涩"。而且，顶级的行家也指出，与刻意练习不同的练习，即心不在焉地"把动作做完"，却没有任何提高，这本身就是令人痛苦的。

我对此困惑了一段时间,然后决定回顾一下我和埃里克森从全美拼字比赛决赛者中所收集到的数据。尽管我知道,参赛者将刻意练习评价为"特别需要努力且无趣的体验",但我也记得在这方面的个体差异是比较大的,并不是所有参赛者的体验都是相同的。

我研究观察了坚毅力较强的参赛者是如何进行刻意练习的。与相对缺少激情、缺少毅力的对手相比,坚毅力较强的参赛者不仅刻意练习的时间更长,而且乐在其中。

我认为,这可能是因为,坚毅力更强的孩子会花更多的时间进行刻意练习,而且随着时间的推移,他们由于劳有所获而体会到了努力练习的乐趣。还有一种可能性是,坚毅力更强的孩子原本就更享受努力工作的状态,这使得他们能够更加努力地练习。

我无法告诉你哪一种解释是准确的,两者都有一定的道理。有确凿的科学证据表明,当一个人的努力以某种方式受到奖励的时候,他对努力的主观体验,也就是对努力的感受是可以并且确实会改变的。

另一方面,雷德基的教练布鲁斯·格梅尔说,雷德基一向喜欢严峻的挑战。

"有一段雷德基的父母录制的她第一次参加游泳比赛的小视频。"布鲁斯告诉我。"她当时6岁,只游了一圈。你会看到她先游了几下,然后抓住水道隔离线,又游了几下,又抓住隔离线。最后,她游到了游泳池的尽头后,从水里出来了。她的父亲在录像时问她:'这是你的第一次比赛,告诉我,你感觉怎么样?'她说:

'非常棒！'几秒钟后，她补充道：'这很难呀！'然后她咧嘴大笑起来。就是这样的，她对一切都是这种态度。"

在同一次谈话中，布鲁斯告诉我，凯蒂是他遇到的所有人中最愿意尽可能多地去做刻意练习的人。"我们试着从她较弱的方面开始训练。最初，她是全队倒数第三，然后，我看到她为了提高成绩而暗自练习，于是她很快就成了那个项目上最好的队员之一。"

如果刻意练习是"极好的"，它会像心流体验一样毫不费力吗？

我问拼字冠军凯瑞·克劳斯在刻意练习期间有没有经历过心流体验，她说："不，唯一算得上心流体验的一次是我没有面临挑战的时候。"同时，她说，刻意练习本身就让人很有满足感："我最有满足感的学习经历是我独自一人时，我会强迫自己把一个大任务分解成很多小任务，然后逐个击破。"

截至目前，还没有足够的研究能证明人们可以在刻意练习中达到心流体验。我的猜想是，刻意练习可以让人们以不同于心流的方式感受到深层次的满足。换句话说，积极的体验有不同的种类：技能进步时的兴奋是一种，完美表现时的陶醉是另一种。

除了拥有一位优秀的教练、导师或老师之外，还有什么办法能让自己从刻意练习中获得最大效益，而且在努力后获得更多的心流体验呢？

首先，你要了解科学。

刻意练习的每一个基本要求都很普通：

- 一个定义清晰的提升性目标
- 全神贯注及不懈努力
- 即时的、有益的反馈
- 持续的反思和完善

但是，在大多数人所做的练习中，有多少能符合这4个方面的要求呢？许多人只是得过且过，平时根本没有进行刻意练习。

即使是那些动机超强、工作到筋疲力尽的人可能也没有做过刻意练习。例如，当奥运金牌得主迈兹·拉斯穆森受邀访问一支日本赛艇队时，他对运动员在训练上花费的时间之多感到震惊。他告诉大家，让人出类拔萃的不是长时间的蛮力训练，而是高质量的、经过深思熟虑的练习目标。正如埃里克森的研究所表明的，每天只需要几个小时的刻意练习就够了。

在茱莉亚音乐学院任教的表演心理学家景山·诺亚说，他从两岁就开始拉小提琴，但是直到22岁才真正开始做刻意练习。以前没这么做的原因并不是因为缺乏动力。有一段时间，年轻的诺亚要同时学习4位不同老师的课程，他为此不得不在三个不同的城市之间来回奔波。当时诺亚根本不知道有更好的练习方式。当他发现刻意练习能更加有效地提升演奏技能后，他的练习质量和对自身进步的满意度都直线上升。他现在正致力于将这方面的知识与其他音乐家分享。

几年前，我和我的学生劳伦·温克勒决定将刻意练习教给孩子们。我们设计了一些自学课程，并在其中加入了漫画和故事，说明刻意练习和其他不太有效的学习方法之间的重要差异。我们解释说，不管一个人最初的天资如何，每个领域中表现卓越的人都是通过刻意练习来提升自己的。我们要让学生知道，每一个看似轻松的表现的背后，都隐藏着大量没有记载的、不被外人所知的、具有挑战性的、需要不懈努力的、不断出现失误的练习过程。我们告诉他们，应当去尝试他们目前还做不到的事情，经历失败，并不断改进，这才是高手们的练习方式。挫败并不一定表示他们走错了路，希望做得更好是学习过程中极其常见的。然后，我们将这一实验组与未做干预的控制组做对比影响。

我们发现，学生对练习和成就的看法是可以改变的。例如，让他们给出学习上的建议时，学过刻意练习的学生更有可能建议他人"专注于你的弱点"和"全神贯注"。让他们选择是做数学方面的刻意练习，还是使用社交媒体和玩网络游戏时，他们选择了做更多的刻意练习。结果发现，成绩低于班级平均水平的学生通过刻意练习提高了他们的成绩。

这引出了第二个建议：让刻意练习成为一种习惯。

找到你做刻意练习最舒服的时间和地点。找到以后，你就得做到每天在固定的时间和地点进行刻意练习。因为按照惯例行事是克服困难的不二法门。大量研究表明，当你养成了每天在固定的时间和地点进行练习的习惯时，你自然就会坚持下去。

梅森·科里在其《日常惯例》（*Daily Rituals*）一书里描绘了

161 位艺术家、科学家以及其他创作者普通的一天。如果你想从中寻找一条具体的规律，比如他们"总是喝咖啡"，或是"从来不喝咖啡"、"只在卧室里工作"，或是"从来不在卧室里工作"之类的，你是无法找到的。但是，如果你问："这些创作者有什么共同点？"你从书名中就能找到答案："日常惯例"。这本书中的专家都以他们各自特有的方式，坚持每天数小时固定的刻意练习。他们遵循着这个日常惯例，他们养成了习惯。

例如，漫画家查尔斯·舒尔茨一生画了大概 18 000 幅史努比漫画。他黎明即起，洗个澡，刮完胡子，与孩子们共进早餐，然后开车送孩子们上学，再回到他的工作室工作，中间吃一顿午餐（一个火腿三明治和一杯牛奶），直到孩子们放学回家。小说家玛雅·安吉罗的日常惯例是：起床后与丈夫一起喝咖啡，然后在早晨 7 点独自去一间没有干扰的酒店小房间工作到下午两点。

如果你不断地在固定的时间和地点进行练习，最终，那些需要下意识产生的想法就会自动出现。威廉·詹姆斯观察到："没有比每天都必须重新决定才能开始做事的人更悲惨的了。"

我很快就学会了这一课。我现在知道，乔伊斯·奥茨把完成一本书的初稿比作"用鼻子把花生推过脏兮兮的厨房地板"是什么意思了。那么，我是怎么做的呢？以下就是对我有帮助的日常计划：早晨 8 点，如果我在家里办公，那我就会重读昨天的手稿。这种习惯并没有使写作本身变得更容易，但肯定能让我更容易进入写作状态。

我的第三个建议是：改变你的体验方式。

当我回看全美拼字比赛的数据时，我给一位叫作特里·劳克林的游泳教练打了电话。特里执教过各种水平的游泳运动员，从新手到奥运冠军，他本人还打破过开放水域游泳大师赛的纪录。我对他的观点特别感兴趣，因为他一直提倡"完全沉浸式"的游泳方式——从本质上说，那是一种放松的、专注的方法。

"刻意练习可以让人感觉很美好。"特里告诉我，"它可以让你学会拥抱挑战，而不是害怕挑战。在刻意练习的过程中，你可以做一切你该做的事——明确的目标、反馈等等，而且当时你依然可以感觉很棒。"

"这一切的关键在于当下不做评判的自我觉察。"他继续说，"这是将自己从有碍于享受挑战的评判中解放出来。"

在结束了与特里的通话后，我想到，婴儿和蹒跚学步的幼儿大部分时间都在试图做他们做不到的事情，一次又一次，但他们并不会感到窘迫或焦虑。"没有痛苦就没有收获"的规则似乎并不适用于他们。

心理学家埃琳娜·波德洛娃和黛波拉·梁致力于研究儿童的学习行为。她们认为，婴儿或幼儿完全不介意从错误中学习。如果你观察一个婴儿是怎样挣扎着坐起来的，或者一个蹒跚学步的小孩是如何学习走路的，你会看到他们在不停地犯错，反复经历着失败，他们面临许多超越现有技能水平的挑战，他们全神贯注，获得了大量的反馈，不断地学习。他们的感受如何呢？他们还太小，没法回答这个问题，但年幼的孩子在试图去做他们还做不到的事情时，看似并不痛苦。

据埃琳娜和黛波拉说，后来情况就变了。在这些孩子进入幼儿园后，他们注意到自己的错误会引起成年人的某些反应。我们这些成年人会皱着眉头，脸颊发红，匆忙跑向孩子，指出他们犯的错误。我们教会了他们尴尬、恐惧和羞耻。布鲁斯·格梅尔教练说，这正是在许多运动员身上发生的："在教练、父母、朋友和媒体的反应中，他们认为失败是很糟糕的，所以他们竭力保护自己，不敢冒风险去尽最大的努力。"

"羞耻并不能帮你解决任何问题。"黛波拉告诉我。

那么，我们应该怎么做呢？

埃琳娜和黛波拉让老师们示范"无情绪后果的犯错"。她们指导某位老师故意犯些错，然后老师微笑着对学生说："哦，天哪，我以为这堆玩具里总共有5个方块！让我再数一次！一个……两个……三个……四个……五个……六个！有6个方块！我明白了，我数数的时候需要摸到每一个方块！"

我不知道你能否让刻意练习也像心流体验那样令人喜悦，但我知道，你可以试着对自己、对别人说："这很难，但这很棒！"

第 8 章

你从事的工作是不是人生使命的召唤？

激情源于兴趣，也源于目标——造福他人的意图。对于坚毅的人来说，成熟的激情同时取决于这两者。

对有些人来说，目标是先于兴趣出现的。例如，亚历克斯·斯科特从记事起一直都在生病。她一岁的时候被诊断出了神经母细胞瘤。过完 4 岁生日后不久，亚历克斯告诉母亲："出院以后，我想要一个柠檬水摊。"她做到了。不到 5 岁，她就开始经营自己的第一个柠檬水摊，并筹集到了 2 000 美元给她的医生，让他"帮助其他孩子，就像他们帮助我一样"。4 年后亚历克斯去世时，她已经鼓舞了无数人创办自己的柠檬水摊，并已经筹集到了 100 多万美元。亚历克斯的家人继承了她的遗愿，到目前为止，亚历克斯柠檬水摊基金（Alex's Lemonad Stand Foundation）已经筹集到了一亿多美元用于癌症研究。

亚历克斯是很特别的，但大多数人首先会被自己所喜欢的事情吸引，之后才发现自己也可以帮助别人。可见，我们通常是从一个自我导向的兴趣开始，然后进行严于律己的练习，并最终将努力工作与指向他人的目标整合起来。

心理学家本杰明·布鲁姆首先关注到了这三个阶段。

30年前，布鲁姆开始采访世界级的运动员、艺术家、数学家和科学家，他想对人们何以在各自的领域登峰造极有所了解。但他没有预料到自己会发现一个学习模型，这个模型适用于他所研究的所有领域。布鲁姆研究的杰出人物在各自的成长历程和接受的训练上存在着差异，但他们都经过了三个不同的发展阶段。我们在第6章中讨论了被布鲁姆称为"早期"的兴趣，并在第7章中讨论了被称为"中期"的练习阶段。现在，我们来到了第三阶段，也就是布鲁姆模型中最漫长的阶段——"后期"。正如他所说的，在这一阶段，工作"更大的目标和意义"终于变得显而易见。

坚毅典范告诉我，他们的追求是有目的的，比单纯的意图具有更深的含义。他们不仅是以目标为导向的，他们的目标还具有特殊的性质。

当我试探着问"能具体说一说吗？你的意思是什么？"时，他们有时会找不到确切的语言来表达自己的感受，但是，他们的下一句话总会提及其他人——有时说得很具体（如"我的孩子""我的客户""我的学生"),有时说得很抽象(如"这个国家""这项运动""科学""社会")。无论他们怎么说,表达的意思基本都是相同的:他们所有的付出——漫长的辛劳、经历的挫折和失望,以及挣扎、牺牲——所有这一切都是值得的,因为他们的努力最终造福了他人。

"目标"这个概念的核心就是,他们所做的事对于他人是有意义的。

像亚历克斯·斯科特那样早熟的利他主义者就是一个例子,诠释了以他人为中心的目标。我们在第6章认识的艺术活动家简·戈登也是如此。对艺术的兴趣使得简在大学毕业后成了洛杉矶的一名壁画师。年近30岁的时候,简患上了红斑狼疮,并被告知时日无多。"这简直是晴天霹雳。"她告诉我,"它让我从一个新的角度去看待生活。"当简从急性症状中恢复过来后,她意识到自己会长期承受慢性的疼痛。

搬回家乡费城后,她在市长办公室接管了一个小型的反涂鸦项目,并在接下来的三四十年里,将它打造成了世界上最大的公共艺术项目之一。

现在,简已经年近六十,但她几乎每天都在工作,从清晨到深夜。一个同事把她工作的环境比喻为选举前夜的总统竞选办公室。对于简来说,她付出的时间和努力被转化成了更多的壁画和项目,这意味着民众有了更多的机会来创造和体验艺术。

当我向简问起她的病情时,她承认痛苦一直都伴随着她。她曾经对记者说:"有时,我会哭泣,觉得自己再也坚持不下去了,但是，自怨自艾并没有什么意义，所以我找到了让自己充满活力的方法。"为什么？因为简的工作很有趣吗？这只是她动机的起点。"我所做的一切都是本着服务的精神。"她说："我觉得自己是由这种精神驱动的。这是一份道义上的责任。艺术可以拯救生命。"

另外一些坚毅楷模所拥有的高层次目标，看起来则没有这么鲜明的目的性。

例如，著名的葡萄酒评论家安东尼奥·加洛尼告诉我："品酒是一件我热衷于与别人共享的事情。当我走进一家餐馆的时候，我希望在每一张桌子上都能看到一瓶上好的葡萄酒。"

安东尼奥认为，自己的使命是"帮助人们开启自己的美味鉴赏力"。他说，当他这样做的时候，就好像有一盏心灵的灯泡亮起来了，而他想"让100万个灯泡亮起来"。

安东尼奥的父母经营着一家酒水店，因此他"一直对酒很迷恋"。尽管是先产生的"兴趣"，但想要帮助他人的念头极大地增强了他的激情："通过尽微薄之力，我会让这个世界变得更加美好。每天早上，我都心怀目标地醒来。"

因此，在我的"坚毅词典"里，"目标"意味着"造福他人的意图"。

坚毅楷模们说，他们认为自己的工作与他人之间有着密切的关联。在多次听到他们这种观点之后，我决定更加深入地分析这种

关联。当然，目标很重要，但与其他优先事项相比，它到底有多重要？全神贯注于一个顶层目标的人也有可能是很自私的，而不是无私。

亚里士多德认为，人们至少有两种追求幸福的方式，他把其中一种称为"自我实现的幸福"（eudaimonic），即与良善的内在精神相和谐；而另一种他称为"享乐主义"（hedonic），指向的是积极的、当下的，本质上以自我为中心的体验。亚里士多德在这个问题上的立场显然倒向了一边——他认为享乐主义的生活是低级和庸俗的，并坚称自我实现的生活是高尚和纯洁的。

但事实上，这两种追求幸福的取向都与进化有着很深的渊源。

人们寻求快乐，一方面是因为那些给我们带来快乐的东西基本上都可以增加我们的生存概率。例如，如果我们的祖先没有渴望食物和性，他们就不会长寿或多子多孙。正如弗洛伊德提出的，在某种程度上，人们都是受"快乐原则"驱动的。

另一方面，人类已经进化到寻求人生意义和目标的阶段。从深层的角度来说，我们是社会性生物，因为与他人联结、为他人服务的驱动力也可以促进生存。因为合作的人比独处的人更容易生存下去。社会的稳定基于稳定的人际关系，并使我们免受饥饿，为我们遮风挡雨，保护我们和抵御敌人。对联结的渴望和对愉悦的需求一样，都是人类的基本需求。

在一定的程度上，我们天生同时追求着享乐主义和自我实现的幸福，但我们给予这两种追求的相对权重可能各不相同。

为了探索坚毅背后的动机，我招募了 16 000 名美国成年人，并要求他们完成一份坚毅力量表。此外，还有一份较长的补充问卷，让参与研究的被调查者先阅读一些关于"目标"的陈述，例如，"我所做的事情对社会很重要"，然后要求每个被调查者根据自己的实际情况，说出每个陈述与自己的匹配程度。他们还要对 6 个关于快乐重要性的陈述作答，例如，"对我来说，好的生活就是快乐的生活。"从这些回答中，我根据他们的目标取向和快乐取向，给出 1~5 分的得分。

以下是我根据这项大规模研究所得到的数据而绘制的图表。你可以看到，坚毅的人既不是苦行僧，也不是享乐主义者——在追求快乐方面，他们与其他人并无不同。无论你有多坚毅，快乐都具有一定的重要性。与此形成鲜明对比的是，较为坚毅的人对追求有意义的、以他人为中心的生活的动机明显高于其他人。目标方面的得分越高，坚毅力得分也相应越高。

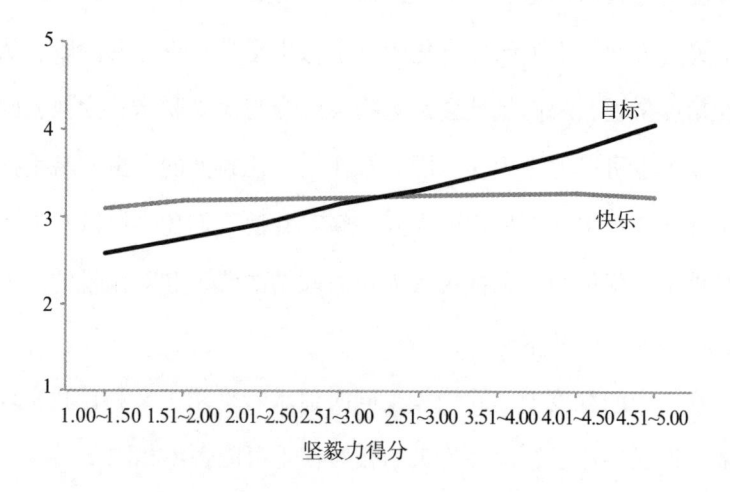

这并不是说所有的坚毅楷模都是圣人，而是说坚毅力强的人会将自己的终极目标与这个世界紧密相连。

对于大多数人来说，目标是一个强大的动力来源。

———

我遗漏了什么吗？

的确，我的样本不太可能将很多恐怖分子或连环杀手纳入其中。同样，我确实也没有采访过政治暴君或黑社会老大。你或许可以争论说，我忽略了一大类"特别坚毅"的人，这些人的目标是纯自私的，甚至是指向伤害他人的。

在这一点上，我承认，在一定程度上是这样的。理论上，你可以成为一个反人类的、走上邪道的坚毅典范，例如，阿道夫·希特勒。从希特勒的身上，我们可以看出，目标可以是邪恶的。成千上万无辜的人民在政客的煽动下丧了命，而这些政客所宣称的意图却是造福他人。

换句话来说，一个真正积极的、无私的目标不是坚毅的充分条件。我不得不承认，做一个坚毅的恶棍是有可能的。

但总体上，我对收集到的调查数据，以及对坚毅典范的采访深信不疑——尽管兴趣是维持长期激情的关键，但与他人建立联结以及帮助他人的愿望也必不可少。

如果你能花点儿时间来回忆一下人生中做到"最好的自己"的美好时刻。例如，当你克服了面临的挑战时，你就会发现自己所实现的目标总是以某种方式或形式与他人的利益相关联。

总的来说，世界上可能存在坚毅的坏人，但我的研究表明，坚毅的英雄更多。

一个人若拥有与世界相连的顶层目标实在是很幸运，因为这使得他所做的一切事情（无论多么细小或烦琐）都变得充满意义。请思考一下这则关于泥瓦匠的寓言：

> 三个泥瓦匠分别被问道："你在做什么？"
> 第一个泥瓦匠说："我在砌砖。"
> 第二个泥瓦匠说："我在盖一座教堂。"
> 第三个泥瓦匠说："我在建造上帝的殿堂。"

第一个泥瓦匠拥有的是一个营生，第二个泥瓦匠拥有的是一份职业，第三个泥瓦匠拥有的则是一份召唤。

我们都想成为像第三个泥瓦匠那样的人，但实际上却更像第一个或第二个泥瓦匠。

耶鲁大学管理学教授艾米·瑞斯尼斯基发现，人们可以毫不费力地辨别出自己是哪类泥瓦匠。认为自己符合以下三种类型的职场人士，人数比较平均：

- 一个营生（job）："我把工作仅仅看成生存必须要做的事，就像呼吸或睡觉一样"；

- 一份职业（career）："工作是获得其他工作的跳板"；
- 一种召唤（calling）："工作是我生活中最重要的事情之一"。

我也使用了艾米的测验方法，发现只有一小部分职场人士会把他们的工作看作一种召唤。而且，这些人明显要比那些把工作当作"营生"或"职业"的人更加坚毅。

这些幸运地把自己的工作视为一种召唤（而不是一份营生或职业）的人大多会肯定地说："我的工作让世界变得更美好"，而且，他们总体上对自己的工作和生活也更满意。在研究中，相比于把工作当作营生或职业的人，认为自己的工作是一种召唤的人的缺勤天数至少会少 1/3。

最近一项对 982 名动物园管理员的研究发现，尽管 80% 的员工都拥有大学学历，但他们的平均年薪却仅为 25 000 美元。调查发现，那些把自己的工作看作召唤（"照顾动物就是我的人生使命"）的人也表达了很强的目的感（"我的工作让世界变得更美好"）。这些受到使命召唤的动物园管理员也更愿意在下班之后，义务花时间去照顾生病的动物。同时，他们也表现出了较高道德责任感（"我有责任给动物提供最好的照顾"）。

───────

我得解释一下：只想踏踏实实地过日子，而没有职业上的抱负，这并没什么"错"。但是，大多数人都渴望得到更多的东西。记者斯塔德·特克尔在20世纪70年代曾经采访了100多名各行各业的工作者，他发现，只有少数人认为自己的工作是一种召唤。但这并不是因为缺乏渴望。特克尔总结道：每个人都在寻找"生活的意义和每日的面包……他们想拥有理想的人生，而不是混吃等死。"

再来看看诺拉·华生，她是一家出版保健资讯的机构的撰稿人。"大多数人都在寻找自己的人生使命，而不只是一份工作。"她告诉特克尔，"我最享受的就是做一件特别有意义的事，我甚至愿意把它带回家里做。"然而，她承认现在自己每天只有两个小时的时间是真正在工作，而其余的时间都是在"假装工作"。"现在，我不认为我找到了某种使命，所以，目前我还是留在这个公司里……"

在研究中，特克尔确实遇到了少数"找到了工作意义的快乐者"。58岁的罗伊·施密特是一名垃圾回收工，他告诉特克尔，他的工作非常辛苦，工作环境也极其肮脏和危险。但他说："我从来不轻视我的工作，因为这份工作对社会是有意义的。"

在结束采访的时候，罗伊说："一位医生讲过一个故事。在中世纪的法国，如果你不赞同国王的主张，就会被安排做最低贱的工作，比如清理巴黎的街道——那时候，大街上一定满是狼藉。有个贵族在某个方面触犯了国王的规矩，所以被安排扫大街。结果他出色地完成了工作，并受到了表彰。那是法兰西王国当时最糟糕的工作，他却因此而获得了赞扬。这也是我第一次听说，清扫垃圾是一件有意义的事。"

在泥瓦匠的寓言中，每个人都有着相同的职业，但他们的主观体验——他们如何看待自己的工作，却大相径庭。

同样，艾米的研究表明，使命感与具体做什么工作并没有明确的关联。她认为，任何职业都可以是一个营生、一份职业，或是一种召唤。例如，在对秘书工作进行研究时，她最初估计只有少数人会把这种工作当作一种召唤。当数据反馈回来的时候，她发现，认为自己的工作是营生、职业或召唤的秘书人数相差不大，和她在其他样本中所发现的比例一样。

艾米的结论是，并不是说某些工作就必定是营生，而另一些工作必定是职业，还有一些工作一定是召唤。真正重要的是，从事这个工作的人认为自己的工作只是一件必须要做的事，还是一件可带来长远利益的事，抑或是一件可以造福他人的事。

我同意这一点：你如何看待自己的工作比你的职位更重要。

这意味着，你可以从营生上升到职业，再进一步上升到使命的召唤——这一切都不需要改变你的职业本身。

我最近问艾米："当人们向你征求建议的时候，你会怎么回答？"

"很多人认为，他们需要做的是发现自己的使命。"她说，"他们的焦虑就在于认为人生使命就像一个神奇的实体存在于世界上，等待着你去发现。"

我指出，这也是人们错误地看待兴趣的方式。他们没有意识到自己需要更加主动地去发展和深化自己的兴趣。

"人生使命的召唤并不是让你找到一个完全成形的东西。"她告诉寻求建议者，"它更多是动态的。无论你做什么工作——看门人还是首席执行官，你都可以不断地审视自己，思考如何与其他人联结，如何与更广阔的世界联结，如何展示你内心深处的价值观。"

这就是说，一个曾经说"我在砌砖"的泥瓦匠，有可能在某一刻意识到自己"正在建造上帝的殿室"。

————

艾米发现，同一个人在从事同一种职业时，可能会在不同的时期分别把自己的职业看作一个营生、一份工作，或是一种召唤。这让我想起了乔·里德。

乔是纽约市公共交通局的资深副总裁，也是纽约市地铁的首席工程师。这是一个工作量几乎难以想象的职务。每年，纽约城的地铁运行超过17亿次，是美国最繁忙的地铁系统。纽约的地铁系统有469个车站，若将地铁轨道首尾相接，长度足够到达芝加哥。

年轻的时候，里德求职并不是在寻找使命的召唤，而是为了偿还大学贷款。

"大学毕业时，"他告诉我，"我最关心的事情就是找到一份工作，什么工作都可以。当时，地铁公司来我们学校招聘工程师，结果我被录用了。我当时做的是搬运铁轨，铺设线路，以及为导电轨架电缆等工作。"

很多人都认为这些工作很无趣，但乔说："我认为这很有意思。我刚开始工作的时候，我的朋友都在从商或做电脑工作，我们常常一起出去玩，晚上一起从酒吧回家。他们有时会在地铁站台上跑来跑去，问我：'这是什么？'我会告诉他们：'这是导电轨绝缘体，这是一个绝缘接头。'对我来说，这很有趣。"

可见，兴趣是他激情的源泉。

很快，乔就开始接触大量的规划工作，他也很喜欢这方面的工作。随着他的兴趣和专业技能的加深和提高，他开始将交通工程视为自己长期的职业方向。"休息日我会去洗衣店洗衣服。当时，很多女人都笑话我，因为在洗衣服的时候，我会带上工程图纸，把它们铺在叠衣服的桌子上工作。我真的爱上了这份工作。"

乔说，不到一年，他就开始以不同的方式看待自己的工作。有时，他会盯着一枚螺栓或铆钉，并意识到他的前辈几十年前就把它安装在了这里，现在它仍然在同一个地方，仍然在使地铁正常运行，仍然在帮助人们到达他们想去的地方。

"我感到我在为社会做贡献。"他告诉我，"我要为旅客的出行负责。当我成为项目经理后，当我们完成那些大装的安装工作时，但我知道，我们所做的这些工作会在未来 30 年里发挥作用。那时，我觉得自己有一份天职，或者说是一份召唤。"

听乔·里德谈论他的工作，你可能会想：如果你一年后还没有找到人生的召唤，你是否应该放弃希望？艾米发现，很多人只给了自己几年的时间，如果他们还没有确定这份工作是自己的激情所在，就会放弃。

如果告诉你，迈克尔·贝米用了更长的时间寻找自己的使命，你可能会感到宽慰。

迈克尔是宾夕法尼亚大学的内科医学教授，如果你认为他的使命是救死扶伤和教书育人，你只说对了一半。迈克尔热衷于通过正念获得内在的幸福感。他花了几年的时间，将自己对正念的兴趣，与帮助他人过上更健康、更快乐的生活这类助人的目标结合起来。当兴趣与目标合二为一的时候，他才会觉得是在实现自我价值。

我问迈克尔是如何对正念产生兴趣的，他追溯了他的童年。"有一天我在仰望天空时，奇怪的事情发生了——我仿佛完全迷失在了天空中。我觉得自己的内心仿佛被开启了，就像我在不断长大，这是我拥有过的最美妙的经历。"

后来，迈克尔发现，他可以通过专注于自己的念头来让同样的事情发生。"我入了迷。"他告诉我，"我不知道该怎么形容它，但我会一直这样做。"

几年后，迈克尔与母亲在一家书店浏览书籍时，发现了由英国哲学家艾伦·瓦特为西方读者撰写的一本冥想书，书上确切地描述了他的体验。

在父母的鼓励下,迈克尔在高中和大学阶段修习了冥想课。在医学院就读了几年以后,迈克尔对冥想老师说:"医学不是我真正想做的事情。"医学很重要,但与他的个人兴趣不相符。"留在医学院吧。"老师说,"如果你成为一名医生,你将会帮助更多的人。"

迈克尔留了下来。

迈克尔说,大学毕业后,"其实我并不知道自己想做什么。这有点儿像原地踩水,我只报名参加了第一年的实习。"

出乎意料的是,他喜欢上了行医。"这是一种很棒的助人方式。它与医学院不同,医学院只是让我们解剖尸体,或者背诵三羧酸循环,并没有真正帮助他人。"很快,他就从实习生变成了研究员,开始主持医疗诊所,再到成为住院部副主任,现在他已是普通内科主任了。

不过,迈克尔仍然没有真正把医疗当作使命的召唤。

"在工作中,我意识到许多病人真正需要的不是一张又一张的处方或一次X光,他们真正需要的是我从孩提时期起就一直在为自己做的事情——他们需要停下来,深呼吸,与自己的生命体验充分联结。"

这个领悟让迈克尔为有严重生理疾病的患者开设了冥想课,那是在1992年。之后,他逐步发展这个项目,并在2016年将它变为自己的全职工作。迄今为止,约有15 000名患者、护士和医生接受了培训。

最近，我请迈克尔为本地的教师开一场正念讲座。演讲的当天，他走到讲台上，专注地看着他的听众。在现场，迈克尔与70位放弃了周日午后休闲时光来听他讲座的教育工作者逐一进行了目光接触，那是一段长长的停顿。

然后，他面带灿烂的微笑说道："我有一个使命。"

———

我第一次体验到顶层目标的力量，是在21岁的时候。

当时我上大三，准备去就业服务中心找份暑期工作。在翻看一本标签为"夏季公共服务"的大型三孔活页夹的时候，我看到了一个叫作"暑期之桥"（Summer Bridge）的项目。这个项目正在招募大学生，为弱势家庭的中学生设计暑期强化班，并给他们上课。

我想，用一个暑假的时间教教孩子是个不错的主意，我可以教生物学和生态学。我会教他们如何用锡箔纸和纸板制作太阳能烤箱，我们可以一起烤热狗，这会很有意思的。

我没有想到，这段经历将改变一切。

我没想到，坚持到底会让我发现目标的力量。

说实话，对那个暑假里发生的事情，我已经忘了具体的细节，讲不出什么故事来了。我只记得，那时我每天都在黎明前早早地起来备课，我记得我每天一直工作到深夜，我记得几个孩子和某些特定的时刻。我领悟到，孩子与老师之间的联结是有可能使双方的人生都发生改变的。

那年秋天，我回到校园，找到了其他在"暑期之桥"项目中任教的同学，其中有菲利普·金，他碰巧与我住在同一个宿舍区。和我一样，他也感到自己迫切需要开始另一个类似"暑期之桥"的项目。这个想法非常诱人，我们很想尝试。

当时我们都没有钱，没有人脉，不知道如何创办一个非营利性组织。而且，我的父母也对此充满怀疑和担心，他们认为我是在以一种灾难性的方式愚蠢地运用我在哈佛所受的教育。

菲利普和我一无所有。不过，我们恰好有自己最需要的东西——目标。

任何一个白手起家的人都会告诉你：你面前有成千上万大大小小的任务，而且没有任何指导手册。如果菲利普和我仅仅是做自己感兴趣的事，那么我们根本无法做成。但是，创办这个项目实在是太重要了，它给了我们自己无法想象的勇气和能量。

我和菲利普鼓足勇气，敲开了剑桥几乎每一家小企业和餐馆的门，请求大家捐款。我们耐心地坐在老板们的候客室里，等了又等，有时要等好几个小时，负责人才会有时间来见我们。然后，我们坚持不懈地请求他们，直到获得所需要的支持。

我们就这样做成了——我们不是为自己去做，而是为了实现一个更宏大的目标。

菲利普和我毕业后便启动了这个项目。那年夏天，7名高中生和大学生体验到了当老师的感觉，30名五年级的学生体验到了在暑假努力学习以及玩耍的乐趣。

这已经是20多年前的事了。现在这个项目更名为"突破大波士顿"（Breakthrough Greater Boston），每年为数百名学生提供免费的全年学业强化辅导，项目发展已经远远超出了菲利普和我的想象。到目前为止，有1 000多名年轻人参与过这个项目的教学工作，其中很多人继而成为全职的教育工作者。

"暑期之桥"项目激发了我对教育工作的热爱。教学让我对帮助孩子们充分发挥潜力产生了持久的兴趣。

但对我来说，教学仍是不够的。没有得到满足的是我内在的那个小女孩——她热爱科学，对人性着迷，她在16岁的时候获得了参加暑期强化班的机会，并在所有的课程中选择了心理学。

撰写这本书使我意识到，我在青春期时对自己感兴趣的事已经有了些想法，20岁多岁的时候就拥有了清晰的人生目标。在我30多岁时，我已具备了相关的经验和专业知识，确定了我将毕生为之奋斗的目标——运用心理科学帮助孩子们茁壮成长。

―――――

当初，我父亲不赞成我做"暑期之桥"项目，原因之一是他对我的爱，他认为我会为他人的利益而牺牲自己的利益。

是的，坚毅和目标这两个概念在原则上似乎是冲突的。如何在高度聚焦自己顶层目标的同时，还能有外围的视野来关心别人？如果坚毅是一座目标金字塔，所有的一切都服务于一个单一的个人目标，那么其他人如何能嵌入其中？

"大多数人都认为，自我导向型和他人导向型的动机是一个连续体的两端。"我的同事、沃顿商学院教授亚当·格兰特说道，"然而，我发现，它们可以是完全独立的——你可以两者皆无，也可以两者兼具。"换句话说，你可以成就自己的梦想，也可以帮助他人。

亚当的研究表明，从长远来看，那些将个人利益和社会利益放在一起的领导者和员工所取得的成就，比完全由私利驱动的人更为出色。

例如，亚当曾经问过一些消防员："你为何愿意做这份工作？"然后，他在接下来的两个月里跟踪了这些消防员的加班时间，却发现很多受助人动机驱动的消防员加班的时间更少。这是为什么？

这是因为他们的第二个动机被忽略了，即对工作本身的兴趣。只有当一个人喜欢自己的工作时，帮助他人的愿望才能让他更加努力。事实上，同时拥有亲社会动机（"我想通过自己的工作帮助他人"）以及对工作的内在兴趣（"我喜欢这份工作"）的消防员，平均每周的加班时间要比其他人多50%以上。

亚当向某公立大学客服中心的140名募资者提出了同样的问题："你为何愿意来做这份工作？"之后他得到了几乎相同的结果：只有表达出更强的亲社会动机，并且对自己的工作很感兴趣的募资者，才会拨打更多的电话，为学校筹集到更多的资金。

发展心理学家戴维·耶格尔和马特·本迪克在青少年中也发现了相同的结果。在一项研究中，戴维采访了100名青少年，让他们回答长大后想要干什么，以及为什么。

有的人用单纯自我导向的话语来谈论自己的未来："我想成为一名时装设计师，因为这是一件有趣的事情……重要的是……你真正喜欢（自己的职业）"。

另一些人只提到了他人导向型动机："我想成为一个医生，我想帮助大家……"

还有一些青少年同时提到了自我导向和他人导向的动机："如果我是一名海洋生物学家，我会推动爱护环境，我会保护海洋里的生物。我一直喜欢鱼类，它们游来游去，自由自在，就像在水里飞行一样。"

两年后，那些同时提到自我导向和他人导向动机的年轻人比只提到单一动机的同学，从自己的学业中体会到了更多的个人意义。

———

对于大多数我采访过的坚毅人士来说，培养有目标、有兴趣的激情的过程是不可预知的。

欧若拉与弗朗哥·丰特夫妇是澳大利亚的企业家，他们创办的服务公司拥有 2 500 名员工，每年的营业收入超过 1.3 亿美元。

27 年前，欧若拉和弗朗哥刚刚结婚时，两人都身无分文。他们想开一家餐馆，但没有足够的钱。他们不得不通过打扫商场和小型办公楼，以解决温饱问题。

很快，他们的职业抱负发生了转变，他们意识到做清洁维护比开餐馆更有前途。他们都很努力，每周工作80个小时。有时，他们把年幼的孩子放在布兜里，绑在胸前，认真地擦洗客户大楼里的瓷砖。

经历了多年的起起伏伏后，弗朗哥说："我们始终坚持着，我们没有向困难屈服。我们不会轻易言败。"

我承认，我很难想象清洁洗手间（即使是建立一个市值数百万美元的厕所清洁公司）何以能让人感受到一种召唤。

"这不在于清洁工作本身。"欧若拉解释说，她的声音因情绪激动而变得沙哑，"重要的是帮助客户解决他们的问题。我们雇用的员工非常优秀，他们拥有一颗善良的心，我们也对他们负有巨大的责任。"

按照斯坦福大学发展心理学家比尔·戴蒙的说法，这种超越自我的取向可以并且应该被刻意培养。比尔在这个领域已经研究了50年，他研究方向是青少年如何规划自己未来的生活，既能得到个人满足，又有利于服务社会。他说，研究人生目标就是他的使命。

在比尔看来，对于"你为什么要这样做"这个问题，最终的答案就是"目标"。

"大量数据表明，存在这样一种模式，那就是每个人的内心都有一个火花，这是目标的真正开端。这个火花就是你感兴趣的东西。"

下一步，你需要观察一位有目标感的人。他可以是你的家人，一位历史人物或是政治人物。他是谁并不重要，甚至这个目标与他最终所做的事是否有关都不重要。比尔解释说，"重要的是，有人证明了，为了他人而做的事情是有可能让你成功的。"

"在理想的情况下，"他说，"孩子们确实会看到实现目标的过程是多么困难——要面对种种挫折和障碍。但他们也会看到，通过努力，就可以实现梦想。"

比尔说，一个人会通过多种方式发现这个世界需要解决的人生问题——有时是通过自己的失败，有时是从他人的逆境中发现的。但是，仅仅知道有人需要我们的帮助仍是不够的，目标感的建立还需要第二个启示："我可以让事情有所转机。"他说，这个信念、这个采取行动的意图，证明了观察榜样人物达成人生目标的重要性。"你必须相信，你的努力不会白费。"

——————

凯特·科尔就是一个有怀抱目标的坚毅典范。

我认识凯特的时候，她35岁，是一家肉桂卷糕点连锁店的总裁。如果你只是听了她的故事却没有进一步思考的话，你可能会以为这是一个"白手起家"的故事，但这实际上是一个"从一无所有到胸怀大志"的案例。

凯特在佛罗里达州的杰克逊维尔长大。在她9岁的时候，母亲乔离开了她的酒鬼丈夫。那时,乔同时打三份工以赚取足够的钱抚养凯特三姐妹,但她依然会找时间来帮助他人。"我的母亲会为别人做点儿,替人跑腿,她能发现每一个帮助他人的细小的机会。她认识的每一个人都与她亲如家人。"

凯特既学会了母亲的工作态度,也继承了母亲乐于助人的愿望。

在我们讨论凯特的动机之前,先看看她那看似不可能的职业攀升之路。凯特15岁时就在当地的一家商场卖衣服。18岁时,她找到了一份猫头鹰餐厅服务员的工作,并且在一年后被派到澳大利亚去开分店。22岁时,她掌管了一个10人的部门。26岁时,她成为公司副总裁。作为管理团队的一员,凯特推动了猫头鹰特许经营店扩大到在28个国家创建了400多家门店。当猫头鹰被一家私募股权公司收购时,32岁的凯特已经拥有了耀眼的工作经历,因此,肉桂卷糕点连锁店(简称肉桂卷公司)聘请她去做总裁。在凯特的监管下,肉桂卷公司销售额的增长比过去十多年都要快,并在4年内突破了10亿美元。

现在,让我们看看,凯特内在的驱动力是什么。

早年,当凯特还在猫头鹰餐厅当女招待的时候,有一次,几个厨师在当班时突然罢工不干了。"于是我跟经理进去帮忙做饭,让每桌的客人都享用到了美食。"她说道。

为什么?

"首先,我是靠小费谋生的,这是我生活开销的来源。如果没有食物,顾客就不会付钱,当然也不会留下小费。第二,我很好奇,想看看我能否胜任厨师这份工作。第三,我想做一个对他人有帮助的人。"

小费和好奇心基本上是自我导向的动机,但想要帮助他人,这属于他人导向的动机。这个例子说明,一个简单的行动(为所有正在等待的顾客做饭)是如何给自己和周围的人都带来益处的。

不久,凯特又开始培训厨房员工,并帮助后台运作。"有一天,调酒师需要提前离岗,于是我再次挺身而出。还有一次,经理离职了,我便为大家调度工作。在6个月的时间里,那家门店的每一个工种我都做过,而且我还成了一名培训师,帮助其他人了解和学习其中的每一个角色。"

看到有缺口就自告奋勇地帮忙,这并不是凯特试图在公司中成为佼佼者而精心策划的行动,但那些超越了本职要求的表现,还是让她获得了协助公司在世界各地开办餐厅的机会,后来又让她进入了企业的管理团队。

事实上,这也正是凯特的母亲乔所做的事情,乔说:"帮助他人让我充满激情。我喜欢分享,无论我有什么,我都愿意分享给其他人。"

凯特认为,母亲培养了她"努力工作,回馈社会"的人生观,这种的人生哲学至今仍引导着她。

"渐渐地,我意识到我很擅长进入新的环境,并帮助他人建立自信。这是我擅长的事。我想,如果我能帮助个人做到这些事,那么我也可以帮助整个团队;如果我能帮助团队,我就可以帮助公司；如果我能帮助公司，我就可以帮助打造企业品牌，进而做出对社会和国家有益的事。"

不久前，凯特在自己的博客上发表了一篇文章，名为"看到可能，授之与人"。她写道："当我与别人在一起的时候，我的心灵散发着这样的意识：我和一些了不起的人在一起。他们的优秀也许尚未被发现，或许还不成熟，但这种优秀仍然是存在的或是潜在的。你永远不知道谁会做得出色，甚至成为一位有影响力的人物。所以，请像对待伟大的人一样对待每一个人。"

———

无论你年龄有多大，培养目标感永远都不会太早或太迟。以下是三位专家的建议。

1. 戴维·耶格尔建议：反思你已经在做的工作，如何能对社会做出积极的贡献。

在多个纵向实验中，戴维·耶格尔和同事戴夫·保内斯库问一些高中生："怎样让这个世界变得更好？"然后要求他们将这个问题与他们正在学习的内容联系起来。一位九年级的学生写道："我想找一份类似基因研究员的工作。我将通过基因工程生产更多的粮食，以造福世界……"另一位学生说："我认为，接受教育可以让你了解周围的世界……如果我没有相应的知识，就无法帮助任何人。"

尽管这个简单的练习只用了不到一节课的时间，但它极大地激发了学生的参与热情。与安慰剂对照组相比，对人生目标的思考，能让学生为即将到来的考试更加努力；在可以选择观看娱乐视频的情况下，学生们更愿意努力解答烦琐的数学题，并且因此在数学考试中获得了更出色的成绩。

2.艾米·瑞斯尼斯基建议：你可以思考怎样采取微小但有意义的方式，改变当前的工作，让它与你的核心价值观更为紧密地联结。

艾米把这个想法称为"工作重塑"（job crafting），这是她与心理学家简·达顿、贾斯廷·贝格和亚当·格兰特一直在研究的一种干预手段。他们认为，无论你的职业是什么，你都可以在工作中进行改变——添加、分配并改造你的工作内容，从而使它符合你的兴趣和价值观。

艾米和她的合作者最近在谷歌上测试了这个想法。参与测试的员工来自一些不会让人立即想到"人生目标"这个词的岗位。例如，销售、推广、财务、运营和会计。这些受试者被随机分配到一个重塑工作坊，他们想出了调整日常工作的办法，每个人都制定了个性化的"地图"，其中包括构成更有意义、令人愉快的工作因素。6周后，受试者的领导和同事对他们进行了评价，结果表明这些员工明显变得更加快乐、领导工作效率也更高。

3.比尔·戴蒙建议：从有目的感的楷模身上寻找激励。你可以用书面方式回答他提出的问题，包括："想象一下15年之后的自己，你认为那时候对你最重要的是什么？"以及"你能否想到某个人,他的人生激励着你成为一个更好的人?他是谁?为什么?"

在完成比尔的练习时,我意识到,在我的人生中,向我展示利他目的之美好的是我的母亲,她是我见过的最善良的人。

当然,我对此也曾有过很多抱怨。我曾怨恨每年感恩节与我们分享美食的陌生人——包括我家的远房亲戚,他们的室友,以及他们室友的朋友。任何在节日期间无处可去的人,如果碰巧遇到我的母亲,都会被热情地邀请到我们家一起过节。

有一年,母亲把我刚收到的生日礼物送给了别的孩子;还有一次,她把妹妹的毛绒玩具都送给了别的孩子。我们大发脾气,哭着指责她不爱我们。"但有的孩子更需要它们呀!"她真诚地说,并且对我们的反应感到很惊讶,"你们拥有这么多,但他们拥有的却很少。"

当我告诉父亲我不准备参加医学院入学考试,而将致力于打造"暑期之桥"项目的时候,他问:"你为什么要关心贫穷的孩子?他们与你非亲非故,你甚至都不认识他们!"我现在明白了,我见证了目标的力量。在我的人生中,母亲一直在向我展示如何尽力去帮助别人。

第 9 章

学会如何应对失败比成功更重要

有一句日本古语是这样说的："跌倒 7 次，第 8 次爬起来！"如果有朝一日我去文身，我会把这几个简单的字永远地文在身上。

希望是什么？

一种是对明天会比今天更好的期望。这种希望让我们向往阳光灿烂的天空，或一路坦途。它没有责任的负担，老天爷自会让事情变得更好。

坚毅则取决于另一种希望——期待我们通过努力来改善自己的未来。"我感觉明天会更好"与"我决心要让明天更美好"是不同的。坚毅者的希望与运气毫无关系，而与起而行之密切相关。

———————

大一时，我选修了神经生物学课。

每节课我都会早早地来到教室，坐在前排，把每一个公式和图表都记到笔记本上。课后，我读了老师指定的所有阅读材料，做完了所有的作业。之后，开始了第一次测验。这是一门很难的课，而我高中的生物课又比较薄弱，不过总体上，我还是感到很有信心。

测验开始时我做得还不错，但很快就感到题目更难了。我开始慌了，一遍又一遍地想："我做不完的！我不知道我在做什么！我要失败了！"当然，这是一个自我实现的预言。我的头脑越是被那些让人心悸的思想占据，就越无法集中精力做题。考试结束了，我甚至连最后一道题都没有来得及读。

几天后，教授把测验成绩发回来了。我低着头、哭丧着脸看着那个悲惨的分数，然后拖着沉重的脚步来到了助教的办公室。助教建议说："你应该考虑退选这门课。你是一个新生，还有三年多时间，你可以晚一些再来上这门课。"

"我高中就修了大学预科的生物课程。"我反驳说。

"你学得怎么样？"

"我得了个A，不过老师并没有教我们很多，这也是我没有参加正式的大学预科考试的原因。"

我的说法证实了助教的直觉：我应该放弃这门课。

相同的情景在期中考试期间再次上演。我疯狂地用功学习，但考试后又出现在助教的办公室里。这一次，他的语气更为紧迫："你肯定不希望自己的成绩单上有一个不及格。现在退课还不算太晚。如果你退出这门课，就不会影响你未来的GPA（平均成绩点数）。"

我感谢他的建议，然后关门离开了。在走廊里，我很吃惊自己居然没有哭；相反，我评估了整个情况：我现在有两个不及格，并且在学期结束之前只剩下一次考试了。我意识到，我应该选修一门低阶的课程。一个学期已经过去一大半了，显而易见，我干劲十足的努力被证明是不够的。如果我继续上这门课，我很有可能会在期末考试中失败，并在我的大学成绩单中留下一个"F"（不及格）。如果我现在退课，就可以减少我的损失。

我攥着拳头，咬紧牙关，直接向注册办公室走去。在那一刻，我决定留在这门课里，而且还以神经生物学作为主修专业。

回顾这关键的一天，我看到我被击倒，更准确地说，我被自己的脚绊倒，摔个大前趴。不管怎样，这是一个足够让我心灰意冷的时刻。我可以对自己说："你是个白痴！你怎么做都不够好！"而且，我明明可以退选这门课的。

但是，我的内心充满了不屈的希望："我不会放弃！我可以做到！"

之后，我不仅更加努力，而且尝试了以前从未做过的事情：我利用了每一次助教辅导的时间，我要求额外的作业，我练习在规定时间内做最难的题目——模仿收获一个完美的考试成绩我需要做的所有事。我知道我会因考试紧张出现失误，所以我决定达到精通的程度，以保证不会出现任何意外。到了期末考试那天，我觉得自己可以出考题了。

期末考试我考得很好。这门课我的总成绩是B，这是我大学四年的最低成绩，但是，它却是一个最令我自豪的成绩。

当我在神经生物学课上折戟沉沙的时候，我并不知道自己正在重现一个著名心理学实验的情境。

让我把时钟拨转到1964年。两名一年级的心理学博士马丁·塞利格曼和史提夫·迈尔正在一间没有窗户的实验室里，观察笼子里的小狗在后爪受到电击后的情形。电击是随机的，并且没有预警。如果小狗什么都不做，电击会持续5秒；但如果小狗用它的鼻子去推笼子前面的一块板子，电击就会提前结束。在另一个笼子里，另一只小狗以同样的频率受到同样的电击，但它没有板子可以推。换言之，两只小狗在完全相同的时间里得到同等强度的电击，但只有第一只小狗能控制每一次电击的持续时间。64次的电击后，会有新的小狗被带来做相同的实验。

第二天，所有的小狗都被放入一个名叫"穿梭箱"的笼子里。在笼子的中间有一堵很低的挡板，只要小狗尝试一下，它们就可以跳过去。一个高音响起，预示着即将到来的电击，电流通过的部位是穿梭箱里小狗所在的那半边的地面。几乎所有在前一天能对电击有所控制的小狗，都学会了跳过挡板——它们听到音响，越过板子，来到了安全的一边。相反，头一天对电击没有控制的小狗，有2/3只是躺下呜咽，被动地等待电击的结束。

这个开创性的实验首次证明了，导致绝望的不是痛苦本身，而是你认为自己无法控制痛苦。

多年后,我坐在与马丁·塞利格曼办公室只隔几个门的研究生隔间里,阅读了这个关于习得性无助的实验。我很快就看到了我的早期经验与这个实验的相似之处:第一次神经生物学测验给我带来了意想不到的痛苦,我努力改善我的处境,但在期中考试中,我又被"电击"了一次;"穿梭箱"是那个学期剩下的日子。我先前的经验会让我得出结论说,我对改变自己的处境无能为力吗?毕竟,我的直接经验表明,两个灾难性的后果之后,将有第三个紧随而来。

或者我会像其中少数的小狗一样,尽管对不可控制的疼痛有着近期记忆,但还是没有完全丧失希望?我会认为先前的痛苦是由将来可避免的特定错误导致的吗?我会把我的注意力扩展到超越最近的过去,想起我曾多次摆脱失败并最终制胜吗?

事实证明,我的行为就像马丁和史提夫研究中那 1/3 坚韧不拔的小狗一样——我再次站起来,继续战斗。

———

在距离 1964 年塞利格曼实验后的十多年里,更多的实验显示,对痛苦的不可控会让人出现临床抑郁症的症状,包括食欲和体力活动的变化、睡眠问题,以及难以集中精力等。

当塞利格曼和史提夫首次提出习得性无助这个概念时,他们的理论被同行认为是彻头彻尾的谬论。当时没有人认真考虑过这种可能性,即小狗可能也会有思想,而且它们的想法会影响其行为。事实上，当时很少有心理学家对人类有想法，且想法会影响其行为的可能性有过思考。传统心理学认为，所有动物只是机械地对惩罚和奖励做出反应。

此后，各种实验积累了大量数据，在排除了每一种可能的替代性解释之后，科学界终于被说服了。

马丁·塞利格曼在对无法控制的压力所带来的灾难性后果进行了研究之后，他对如何破解这种情况有了越来越多的兴趣。同时，他决定再度深造，成为一名临床心理学家。他选择投到艾伦·贝克的门下——贝克是一名精神病学家，在对抑郁根源和现实对策的研究和实践方面堪称业界先驱。

塞利格曼接下来对习得性无助的反面进行了探索，即习得性乐观。塞利格曼通过研究发现，当2/3的小狗在经历了无法控制的电击后，放弃了自救的尝试时，大约有1/3的小狗仍然表现出了复原力的特性。尽管经历了先前的创伤，但它们仍在不断地尝试各种办法，将疼痛减轻。

正是那些有复原力的小狗，促使塞利格曼进一步研究在类似的逆境下不会放弃的人。塞利格曼发现，乐观主义者和悲观主义者一样，都会遇到负面事件，二者的不同之处在于他们对事件的解释：乐观者会习惯性地寻找导致痛苦的暂时的和特定的原因，而悲观主义者则认为永久的和普遍的原因是罪魁祸首。

塞利格曼和他的学生研发了分辨乐观者和悲观者的测试，以下是一个例子："如果你无法完成别人期望你完成的所有工作，那么请设想一下这个事件的一个主要原因。"在你读完测试中的这个假设情景后,写下你的反应,然后,研究者会为你提供更多的场景,你的多项反应会根据暂时的(或永久的),以及特定的(或普遍的)维度来进行评分。

如果你是一个悲观主义者,你可能会说:"我把一切都搞砸了,我是一个失败者。"这些解释都是永久性的,对改变境况,你没有太多的发挥空间。这些解释也很普遍,它们很可能会影响到生活的很多方面,而不仅仅是你的工作表现。对逆境所做的永久性和普遍性的解释会让轻微的问题变成重大的灾难,使放弃看起来很合乎逻辑。但是,如果你是一个乐观主义者,你可能会说:"我没有管理好时间",或"由于分心,我没能有效地工作"。这些解释都是暂时的和特定的,而这种灵活性能够促使你把问题解决掉。

由此可见,悲观主义者更容易罹患抑郁症和焦虑症。而且,乐观主义者在一些与心理健康不直接相关的领域也表现得更好。例如,乐观的大学生倾向于获得更高的成绩,不太可能辍学;乐观的年轻人在整个中年时期更健康,并且会比悲观主义者更长寿;乐观主义者对他们的婚姻也更满意。对大都会保险公司所做的为期一年的研究发现,相比悲观者,乐观的保险经纪人留在工作岗位上的可能性要高出两倍,他们还会比悲观的同事多卖出约25%的保险。同样,针对电信、房地产、办公用品、汽车销售、银行业,以及其他行业所做的研究也表明,乐观者比悲观者的销售业绩要高20%~40%。

在一项研究中，一些精英游泳运动员参加了塞利格曼的乐观测试，他们中的很多人都参加了美国奥运选拔赛的训练。在实验中，教练要求每位运动员游出自己最好的状态，然后故意将每个人的速度报得比他们的实际速度慢一点儿，并要求运动员再游一次。结果，乐观者在第二次游得至少和第一次一样好，而悲观者后续的表现就显著变差了。

坚毅者会如何看待挫折呢？我发现，他们大都会对事件做出乐观解释。记者海丝特·莱西在采访一些极富创造力的人时发现了同样惊人的模式。"最让你失望的是什么？"她向每个人提出这一问题，结果无论采访对象是艺术家、企业家，还是社区活动家，他们的反应几乎如出一辙："嗯，我真的不想用'失望'这个词。我认为，人生中发生的一切都是让我可以从中学习的功课。我会告诉自己：'好吧，事情进展得没有那么好，但我会坚持下去的。'"

就在马丁·塞利格曼暂停研究两年之后，他的新导师艾伦·贝克正在质疑自己所受的弗洛伊德精神动力学的训练。当时的主流理论认为，所有的精神疾病都源于无意识的童年冲突。

贝克不同意。他大胆地提出了认知行为疗法，即心理医生可以直接告诉患者是什么困扰着他们；而且患者的思想（即他们的自我对话）可能是治疗的目标。贝克认为，相同的客观事件——比如失业、与同事发生争执、忘了给朋友打电话等可以导致非常不同的主观解释。正是那些解释而不是客观事件本身，引发了我们的感受和行为。

认知行为疗法旨在通过帮助患者以更加客观的方式思考，以更加健康的方式行动，来治疗抑郁症和其他心理疾病。认知行为疗法显示，无论我们在童年遭遇了什么痛苦，我们都可以学会观察消极的自我对话，并且改变自己适应不良的行为。与任何其他的技能一样，我们可以练习对发生的事情进行解释，最终对事物做出乐观的回应。认知行为疗法是目前在治疗抑郁症领域被广泛应用的心理疗法，并已被证明它比抗抑郁药物的效果更持久。

在我就坚毅展开研究的几年后，"美国援教"项目（Teach For America）的创始人和时任执行长温迪·考普前来拜访马丁·塞利格曼。

当时我还是塞利格曼的研究生，我很希望能参与他们的会谈，原因有两个：首先，"美国援教"正在派遣数百名新近毕业的大学生进入美国落后地区的学校。基于个人的经验，我知道教育是一个非常需要坚毅品格的行业。其次，温迪本人就是一个坚毅的典范。她在普林斯顿上大学四年级的时候便产生了发起"美国援教"项目的想法，而且，她坚持了下来。从一无所有开始，她将该项目打造成了全美最大和最有影响力的非营利教育机构之一。"不懈的追求"既是"美国援教"的核心价值理念，也是温迪的朋友和同事在描述温迪的领导风格时常用的评价。

在那次会议，我们提出了一个假设：那些用乐观的方式来解释逆境的教师，比相对悲观的同行更加坚毅，而坚毅又意味着更好的教学效果。例如，当面对一个不听话的学生时，一个乐观的老师会继续寻找更恰当的方法，而悲观的老师则认为已经无能为力了。为了测试这个假设的可靠性，我们决定在这些老师踏入教学一线之前，先对他们的乐观和坚毅力做一个测试，等一年后再看看这些教师在推进学生的学业进步方面成效如何。

当年8月，400名"美国援教"的老师完成了坚毅力量表，以及塞利格曼评估乐观情况的问卷。如果一个人在很大程度上认为坏事的发生是由暂时和特定的原因导致的，而好事的发生则是由永久和普遍的原因导致的，我们就将他的反应编码为"乐观"。如果他们在很大程度上做了相反的选择，我们就将他们的反应编码为"悲观"。

在同一个调查中，我们还测量了一个指标：快乐。为什么要测量快乐呢？一方面，越来越多的科学证据表明，快乐不仅是工作表现良好的结果，它也可能是取得工作业绩的一个重要原因，虽然这种相关性不是很强。另外，我们想知道，坚毅力较高的教师到底有多快乐。全心全意的激情和毅力是以快乐为代价的吗？抑或，你能够同时拥有坚毅和快乐？

一年后，当"美国援教"用学生的学习成绩来为每位老师的教学有效性进行评级的时候，我们对数据进行了分析。正如所预料的那样，乐观的教师不仅更加坚毅而且更加快乐。坚毅和快乐进而解释了乐观的教师能让学生在一个学年里取得更好成绩的原因。

基于这个研究结果，我开始回想自己的教学经历。我记得有很多个下午，我回到家里，又烦又累。我也曾就自己的能力进行过灾难性的自我对话（"哦，上帝，我真是一个白痴"）。年轻气盛的我对学生也有很多不满（"她又错了？她永远学不会这个"）。但是，第二天早上起来，我决定不放弃，毕竟，我还可以再试试另一个方案：也许我把一个赫西巧克力条切成小块，他们就能理解分数的概念；也许我让他们在每个星期一都把自己的储事柜清理干净，他们就会养成保持清洁的好习惯。

从青年教师那里得到的数据、温迪·考普的直觉、对坚毅典范的访谈，以及半个世纪以来的心理学研究，全都指向一个相同的常识性结论：如果你持续寻找更好的办法来改变目前的境况，就有机会找到解决方法。如果你停止寻找，那么你就肯定一无所获。

就像亨利·福特说过的那句话："不管你认为你能或不能，你总是对的。"

———

当马丁·塞利格曼和史提夫·迈尔将绝望与缺乏控制感联系在一起的时候，一个叫卡罗尔·德威克的大学生正在完成她的心理学学业。卡罗尔一直很好奇，为什么有些人能做到坚持不懈，而其他人在相同的情况下却会放弃。大学一毕业,她就进入了心理学的一个博士项目,专门研究这个问题。

塞利格曼和史提夫的工作对年轻的卡罗尔有着深远的影响,但她希望进一步研究下去。诚然,把痛苦的原因归为不可控的因素会让人意志消沉,但这种归因风格是从哪里来的呢?为什么有的人长大后会成为乐观主义者,而有些人却会成为悲观主义者?

在卡罗尔最初的研究中,她选择与一些中学展开合作。经由学生们的老师、校长和学校心理学家的共同评估,她确认了一些在遭遇失败时感觉特别"无助"的男生和女生。她的直觉是,这些孩子认为自己学习不好是智商方面有问题,而不是缺乏努力。换言之,她猜测,导致这些孩子悲观的不仅是长期的学业失败,还有他们对成功和学习的核心信念。

为了验证她的想法,她把孩子们分为两组。第一组的孩子被分配去做一个"必定成功"的项目。在几个星期当中,孩子们被要求解答数学题,在每一小节结束时,无论他们做对了多少,他们都会被表扬做得好。第二组的孩子被分配到一个"归因再训练"项目中。这些孩子也被要求解答数学题,但老师偶尔会告诉他们,他们没有做完足够的题,最重要的是,他们"应该试着更努力一些"。

之后,研究人员给所有的孩子都布置了一个任务,任务包括简单的和非常困难的问题。

卡罗尔的推理是,如果先前的失败是导致学习无助的根本原因，那么，第一组"必定成功"项目将能提升受试者的动机。如果无助的真正原因是孩子们如何解释他们的失败，那么，第二组的"归因再训练"项目将是更有效的。

结果证明，那些被分配在"必定成功"项目中的孩子在面对非常困难的问题时，轻易放弃的情况和他们在参加项目之前相比并无差异。与之形成鲜明对比的是，参与"归因再训练项目"的孩子们，在遇到困难的时候更加努力了。他们似乎已经学会了将失败解读为一个"需要更加努力"的线索，而不是对自己缺乏能力的证明。

在接下来的 40 年里，卡罗尔进行了更深的探索。她发现，各个年龄段的人对世界是如何运行的，在头脑中都有自己的理论。你是有自己的观点的，因为当有人在问你相关的问题时，你的头脑中已有了一个现成的答案。但就像认知行为治疗师让你做自我检测时一样，在被问及之前，你可能并没有意识到自己的固有想法。

这里有 4 个陈述，卡罗尔用它们来评价一个人关于智力的理论。现在阅读下面这些句子，想想你在多大程度上同意或不同意：

- 智力是你的基本特质，你对它做不了多少改变。
- 你可以学到新的东西，但你不可能真正地改变你的智商。
- 无论你的智力高低，你总是可以对它做相当多的改变。
- 你总是可以大大地改变你的智商水平。

如果你同意前两个观点，不同意后面两个观点，那么，在卡罗尔看来，你更多地拥有一种固定心态。如果你更认可后两个观点，那么说明你倾向于成长心态。

我喜欢这样理解成长心态：一些人在内心深处相信，人们真的可以改变。这些以成长为导向的人假设，如果你得到了合适的机会和足够的支持，只要你非常努力，并且相信自己能做到，那么就可能变得更聪明。相反，有些人认为，你可以学习技能，比如如何骑自行车或做推销，但是你学习技能的能力及天赋，是无法被训练出来的。持有固定心态的人（以及许多认为自己有天分的人）的问题在于，人生之路一定会有一些坎坷，迟早却会遇到。当你遇到困难时，固定的心态就会成为一个巨大的包袱。例如，当你得了一个低分、一封拒绝信、工作上的一个差评时，固定心态会将这些挫折解读为"你不行"的证据，你会认为自己没有"核心素养"、不够好。而成长心态让你相信自己可以学习，会做得更好。

不同的心态已被证明会给人带来不同的影响。例如，如果你抱持成长心态，那么你更有可能在学校里取得好成绩，拥有更好的情感和健康的身体，与他人的关系也更加深厚和积极。

几年前，卡罗尔和我对2 000名高中生的成长心态进行了一次问卷调查。我们发现，具有成长心态的学生明显比固定心态的学生更为坚毅。更重要的是，更坚毅的学生其学习成绩也更好，而且毕业后被大学录取并坚持读完大学的可能性也更高。之后，我又在年幼的孩子和老年人中做了同样的测试，在每一类样本中，我都发现，成长心态和坚毅并肩而行。

卡罗尔认为，一个人的心态源于他的个人成功和失败史，以及他周围的人（特别是有权威的人）对这种成败的反应。

不妨回想一下，当你还是个孩子时，如果你做了一件很好的事情，大家会对你说什么。他们表扬了你的天赋吗？还是称赞了你的努力？无论是哪种方式，你现在可能正在用同样的语言来评估自己的成败。

赞扬努力而不是"天赋"，这是KIPP学校在教师培训时的一个明确的要求。KIPP是"知识就是力量项目"（Knowledge Is Power Program）的简写，这个项目是1994年由"美国援教"项目中两位坚毅的年轻教师迈克·费因伯格和戴夫·莱文创立的。如今，KIPP学校在全美共有70 000名学生，绝大多数KIPP的学生来自低收入家庭。但是，几乎所有KIPP的学生都能顺利地从高中毕业，超过80%的学生都能考上大学。

在培训的过程中，KIPP的老师们会收到一个小词库。一方面，是老师出于善意经常说的一些鼓励学生的话；另一方面，有一些话是告诉学生："生活是对自我的挑战，你要学着去做你之前还不能做的事情。"下面的例子适合任何年龄段的人，无论你是一位家长、经理、教练，还是导师，我建议你在未来的几天留意自己的语言，去感受语言的力量。

破坏成长心态和坚毅的话语：

你是个天才！我很喜欢这一点！

嗯，至少你试过了！

做得很棒！你真有天赋！

这件事是很难的，如果你做不到，也不要难过。

也许这不是你的长处，别担心，你可以做其他的事。①

促进成长心态和坚毅的话语：

你是一个学习者！我很喜欢这一点！

那个做法没成功，咱们谈谈你是怎么做的，以及怎样可以做得更好。

你做得真棒！还有哪些事，你还能做得更好？

这件事是很难的，如果你目前还做不到，请不要难过。

我有很高的标准，我用这个标准要求你，因为我相信我们是可以一起达到的。

语言是培养希望的一种方式，但在发展心态方面，以身作则可能更为重要。以身作则就是要用行动证明，我们真的相信，人们可

---

① 在体育界有一种说法："用强项来比赛，就弱点来训练。"我同意这个说法，但我认为，重要的是人们意识到技能是可以通过努力来提高的。

以学会如何学习。

作家和活动家杰姆斯·鲍德温曾经这样说："孩子们从来不会好好听长辈说话，但他们从来不会错过去模仿他们。"这是戴夫·莱文最喜欢的名言，他常常用这句话作为他在培训班的开场白。

我的同事、心理学家黛恩·帕克在一项为期一年的研究中发现，有些老师喜欢给学习好的学生一些特权，并强调他们与别人比较时的优势，这样的老师无意中给学生们灌输了一种固定心态。经过一年的观察，帕克发现，这样的老师教出来的学生宁愿选择容易的活动和问题，原因是"你能做对很多"，而且他们更认同这样的看法："一个人的智力水平几乎是固定的"。

同样，卡罗尔和同事也发现，如果父母对错误的反应是"错误是有害的和有问题的"，那么，他们的孩子也会更多地发展出一种固定心态。即使家长说他们有成长心态时，结果也是这样。我们的孩子在看着我们，他们时刻都在模仿我们的一举一动。

相同的情况也发生在企业中。伯克利大学的教授珍妮佛·查特曼和她的合作者最近调查了财富1 000强公司员工的心态、动机和幸福感。他们发现，每一家公司都有一个关于心态的共识。在固定心态的公司，员工同意诸如这样的说法："当涉及成功时，本公司认为，人们有一定的天赋，能改变的程度真的不大。"员工们认为，只有少数明星级的员工被高度重视，公司并没有在其他员工的发展上做到真正的投入。这些受访者也承认，自己曾偷工减料和作弊，以获得领先。与此相反，在成长型的文化中，员工们认为"同事值得信赖"的比例高了47%，认为公司创新的比例高了49%，认为公司支持员工承担一些风险的比例高了65%。

你如何对待高成就者？当他人让你失望时，你会作何反应？

我想，无论你有多少拥抱成长心态的想法，你通常还是会被预设为一个固定心态。至少，这是卡罗尔、塞利格曼和我的情况。所有人都知道，当下属的工作低于我们的期待时，我们希望自己做出什么样的反应。我们希望自己的反应是平静的和鼓励性的，我们希望自己能够这样说："好吧，那么你能从中学到什么呢？"

但我们只是普通人，所以，我们更多的时候会感到沮丧，表现出不耐烦。在评判他人的能力时，我们允许怀疑的闪念将我们的注意力从更重要的事情中转移开来，而那件更重要的事就是：下一步，他们能做什么来改进。

现实是，大多数人的内心除了有一个成长心态的乐观主义者之外，还住着一个固定心态的悲观主义者。认识到这一点是很重要的，因为我们很容易犯的错误是：我们改变了自己所说的，但没有改变我们的身体语言、面部表情和行为。

那么，我们该怎么办呢？一个很好的起步是查看我们语言和行动之间的不匹配。当我们表现出固定心态的时候（这是难免的），我们可以坦率地承认，摆脱一个固定的、悲观的世界观是很难的。卡罗尔的同事苏珊·马克在为企业的首席执行官做心理辅导时，鼓励他们为内在的固定心态命名。于是，人们就会说出类似这样的话:"哎呀,我想我今天把'控制狂克莱尔'带到了会议上,让我再试一次吧。"或者说:"'不堪重负的奥利维亚'正在努力协调所有争夺她时间和精力的要求。你能帮我整理一下想法吗?"

最后,培养坚毅力就是要认清:每个人都可以变得更好,我们能够成长。我们要培养自己在面对挫败时从地板上爬起来的能力。此外,当有人已经做了尝试但还没有取得成功的时候,我们也不要把人家看扁了,因为总有机会再试一次。

我最近与比尔·迈克纳布进行了沟通。比尔从2008年开始一直在先锋集团(Vanguard)担任首席执行官,该公司是世界上最大的共同基金提供商。

"我们实际上已经追踪了先锋基金的高级领导人,试图了解为什么有些人在长远看来会比其他人做得更好。我曾经用'自满'这个词来形容那些工作没做好的人,但我思考得越多,就越发意识到这个问题并不在于自满,而在于这些人有类似这样的想法:'我再也学不了了,我就是我,这就是我做事的方式。'"

那么,最终取得优异业绩的高管是什么样的呢?

"那些在我们公司持续做出佳绩的人保持了一个成长的轨迹,他们的成长不断地让你感到惊讶。有些人,如果你回头看他们刚进公司时的简历,你会说:'哇,那个人后来怎么会如此成功?'还有一些人,进公司时有着令人难以置信的出色履历,现在你会想:

'为什么他们没有走得更远?'"

当比尔看到了关于成长心态和坚毅的研究后,他觉得这些理论证实了他的直觉。他不只是一个公司的领导人,还是一个父亲、一名高中前任拉丁语教师、赛艇教练和运动员。"我真的认为人们会发展出一些关于自己的人生观与世界观,这决定了他们的未来。"

比尔说,"不管你信不信,我事实上是从固定心态开始的。"他在小学期间,父母让他参加了附近一所大学的研究。他记得他在做了一大套智力测试后,研究人员告诉他:"你做得很好,你将是个好学生。"

这份权威的天赋诊断加上早期的成功,让他自信满满:"我很自豪自己完成测验的速度比其他人都快。我几乎门门满分,我很高兴自己不用特别努力就能取得好成绩。"

比尔把他切换到成长心态的原因归为在大学里加入了赛艇队。"我从来没有划过船,但我喜欢水上运动。我喜欢在户外,我喜欢运动。"

赛艇是第一件比尔想做好却不容易做好的事,他告诉我:"我并非天生就擅长水上运动。刚加入赛艇队时,我经历了很多失败,但我不断努力,然后变得越来越好。这让我领悟到了一个道理:"埋头努力吧,努力真的很重要。"从大一到那个赛季结束,比尔都在校队后备队。比尔解释说,这个位置意味着进入校队的机会微乎甚微。那年夏天,他待在校园里,一直在练习划船。

所有的这些努力都得到了回报——比尔后来被晋升为后备队的

尾桨手，其余 7 名划手都要按照他的节拍来划船。在之后的赛季中，一名运动员受伤，于是比尔获得了一个在校队展示能力的机会，他做得非常好。然而，当受伤的选手归队后，教练再次将比尔降级到了后备队。

———

"那个教练有一种固定心态，他就是不相信我会有那么大的进步。"

经历了很多起伏，比尔的成长心态不断地得到强化。"我差一点儿就要放弃了，但还是留下来了，因为事情最终还是变好了。我明白了，当你遇到挫折和失败时，不能采取过激反应，你需要退后一步去分析，并向从中学习。而且，你也需要保持乐观的心态。"

比尔接着说："在我的职业生涯中，我也会有感到气馁的时候——我会看着别人先我一步升职；我想让事情以某种方式进行，但它们却走到相反的方向。在那些节点上，我会对自己说：'只要继续努力和学习，一切都会变好的。'"

———

尼采曾说："那些杀不死我的，使我更强大。"我们不断重复这句话是有原因的。许多人都能记得生活中的那些痛苦的时刻，但我们能够像比尔·麦克纳布一样迎接挑战，然后凤凰涅槃，拥有更多的自信。

让我们以野外拓展项目（Outward Bound program）为例。这个项目让青少年或成年人在有经验的领队的带领下进入荒野，通常是几个星期。这个项目的名字"Outward Bound"的原意是"向外航行"，就是船离开港口驶向外海。野外拓展项目的宗旨就是通过挑战野外生活，培养人们的"坚毅力"和"不屈不挠的精神"。事实上，已经有数十个研究证明，该项目能增加人们独立、自信、坚定，以及对生活的掌控感。而且，在参与该项目6个月后，这些益处还会得到强化。

不可否认的是，那些杀不死我们的东西有时也会让我们更脆弱。想想之前那些被不断电击却对此无能为力的小狗。只有1/3的小狗能抵御这种逆境，但没有证据表明，那些无法控制压力的狗能从这种经验中得到任何益处；相反，大多数小狗在随后都更容易感到痛苦。

所以，那些杀不死你的东西有时会让你更强大，有时也会让你更脆弱。于是，问题就变成了：何时挣扎会带来希望？何时挣扎会导致绝望？

几年前，史提夫·迈尔和他的学生设计了一个实验，这个实验和他在40年前与马丁·塞利格曼共同完成的实验几乎相同：让一组老鼠接受电击，但如果它们用前爪转动一个小轮子，就可以让电击停止，直到下一次电击出现。第二组老鼠接收到和第一组完全等量的电击，但它们无法控制电击的持续时间。

一个关键的区别是，在新的实验中，老鼠只有5周龄，这在老鼠的生命周期里属于青春期。第二个区别是，这个实验对老鼠的影响将在5周后进行评估，那个时候，老鼠已经完全成年了。这时，对这两组老鼠同时进行不可控的电击，第二天再观察它们在社群探索实验中的表现。

以下是史提夫的发现：那些在青春期经历了不可控压力的老鼠，成年后再次被施加不可控制的电击后，会表现得胆小怕事。这并不奇怪，它们和处于同样状况的其他老鼠一样，习得了无助感。相比之下，老鼠青春期时经历的压力如果是可控的，那么，它们长大后会更具冒险性，最令人吃惊的是，它们在成年后似乎能对习得性无助产生免疫力。是的，当这些"有韧性的老鼠"长大后，一般不可控的电击不会让它们产生无助感。

换句话说，当老鼠通过自己的努力可以控制事情的发展时，它们会在此后的生活中变得更强大。

在了解到史提夫·迈尔的新实验后，我觉得必须当面跟他谈谈。于是，我坐上飞机去了科罗拉多。

史提夫带我参观了他的实验室，给我看了装着小轮子的特殊笼子，当那些小轮子转动时，就会切断电流。后来，负责对青春期老鼠进行实验的研究生为我介绍了这个实验涉及的脑回路和神经递质。最后，史提夫和我坐了下来，我问他产生"希望"的神经生物学基础是什么。

史提夫想了一下说："简单而言，人的大脑中有很多部位都在应对负面经历，比如杏仁核。事实上，大脑的边缘系统有一大片区域也在对压力做出反应。"

我点了点头。

"具体情况是，这些边缘系统受前额叶皮层等高级脑区的调节。因此，如果你有了一个评价、一个想法、一个信念（无论你怎么称呼它），它说的是：'等一下，对这件事我有办法！'，或者'这真的没那么糟糕！'然后，大脑皮层里的那些抑制机制就会被激活。它们（向边缘系统）发出一个信息：'冷静下来，不要这么活跃，我们是可以解决的！'"

我听懂了，但我还是没有明白为什么史提夫会不厌其烦地拿青春期的老鼠做实验。

"长期的效果扔需要更多的解释。"他继续说："我们认为脑回路是有可塑性的。如果你在年轻时经历过挫折，或经历过一些很强烈的负面事件，而且你自己克服了它，你就会发展出一种不同的方式来应对此后的逆境。重要的是，逆境给你带去的挫折必须是相当强的，因为这些大脑区域需要以某种方式联结在一起，生活中一些小小的困难并不会让这种情况发生。"

"所以，你不能只是通过谈话让他人相信自己可以面对挑战，是吗？"

"是的，只是告诉某人他可以克服逆境是不够的，要改变大脑回路，你必须在激活低级抑制区的同时，也激活相应的控制回路。当你在经历逆境的同时又体验到掌控感的时候，大脑的改变就发生了。"

如果总是体验到无法控制的挑战，又会怎么样呢？

"我很担心生活在贫困环境中的孩子。"史提夫说，"他们有很多无助的经历，也没有得到足够的掌控性体验。他们从不认为'这件事我可以做到'或'那件事我可以成功'。我想，早期的经验会产生真正持久的影响。我们需要知道，在你的行动和发生在你身上的事情之间是有关联的——'如果我做了某些事，那么就会发生另一些事'。"

科学研究得出了清楚的结论：经历不可控的创伤会使人脆弱不堪。不过我也担心那些在遭遇真正的失败之前一向一帆风顺、没有坎坷的人，他们几乎没有练习过如何跌倒和爬起，他们有太多的理由去坚持一种固定心态了。

我看到很多脆弱的高成就者，他们在青年时期跌倒，再次爬起时也颇为困难，我把他们称为"脆弱的完美者"（fragile perfects）。有时，在期中和期末考试之后，我会在办公室里见到一些"脆弱的完美者"。这些聪明可爱的孩子知道该如何成功，却不知道该如何失败。

去年，我一直跟宾大沃顿商学院一位叫卡文·阿什玛尼的大学新生保持着联系。卡文的简历可能会让你担心他是一个脆弱的完美者。卡文是在高中毕业典礼上发表毕业演说的人，他是学生会主席、明星运动员……有一大堆光辉灿烂的经历。

但我向你保证，卡文完全是成长心态和乐观主义的化身。我们第一次见面的时候，他还是米尔顿·赫希学校（简称赫希）的一名高中四年级学生。这所学校是一所免费寄宿学校，最初是巧克力大王米尔顿·赫希为男性孤儿建立的学校，至今仍是弱势家庭孩子的天堂。卡文在五年级时来到了赫希，在这之前，他的父亲把母亲打成了永久性昏迷。

在赫希，卡文茁壮成长。他发现了自己对音乐的热爱，并在学校的两个乐队中演奏长号。他还学会了领导力，向所在州的政治家们发表了演说。他创办了一个由学生运行的学校新闻网站，还在一个募集了数万美元慈善捐款的委员会担任主席。在高中的最后一年，他还担任了学生会主席。

进入大学，卡文发邮件向我介绍了他第一学期的学习生活状况："我第一学期的GPA成绩是3.5。"他写道："三个A和一个C。我对此不太满意，我知道我的A是如何获得的，也知道我是因为做错了什么而得了C。"

最差的成绩是怎样造成的呢？"我在经济学上得了个C，因为我当时正在思考其他问题……我绝对能做得比3.5更好。我在第一学期的心态是，我能从其他同学身上学到很多东西。现在，我的新思路是：我有很多东西可以教他们。"

第二学期也不是一帆风顺的，虽然卡文得了一堆A，但在两门计量课上，他的成绩并不理想。我们简单地谈论了一下从宾大热门的沃顿商学院转到其他学院的可能性。我认为，转到别的专业也没什么可羞耻的。卡文拒绝了这样的想法。

这是他 6 月时给我的邮件摘录："学习数字和定量概念对我来说一直很困难，但我还是接受了挑战。我要更加坚毅地提高自己，让自己学得更好，即使这意味着我在毕业的时候，GPA 成绩会比我转到那些不需要数学的专业差一些。"

我相信，卡文会勇敢地站起来，不断地学习和成长。

―――――

总的来说，我所提出的证据支持以下观点：对能力持固定心态会导致你对逆境做出悲观解释，而这反过来又会导致你首先放弃和回避挑战。与之形成鲜明对比的是，成长心态导致了你以乐观的方式来解释逆境，而这反过来又决定了你将拥有坚毅的品质，以及寻求最终会让你更加坚强的新挑战。

成长心态──乐观的自我对话──战胜逆境的毅力

关于如何让自己更加充满希望，我的建议是，思考上述序列中的每一步，并思考一下：我能做些什么来强化这个方面？

在增加希望方面，我的第一个建议是，更新你关于智力和天赋的观念。

卡罗尔和她的合作者试图说服人们：智力或其他天赋都可以通过努力得到提高。对此，她首先从对大脑做解释开始。例如，她引述发表在顶级科学杂志《自然》（Nature）上的一篇追踪青少年大脑发育的研究。参与这项研究的青少年，从 14 岁到研究结束时的 18 岁，他们的智商都提高了。这说明，智商在一个人的生命跨度中不完全是固定的。卡罗尔说，不仅如此，这些青少年在大脑结构上也表现出相当大的变化："那些在数学技能上变得更好的人，其大脑中与数学有关的区域得到了强化，英语技能也是如此。"

卡罗尔还解释说，大脑的适应性极强，就像你的肌肉越锻炼越强一样，当你努力面对新的挑战时，大脑也会相应改变。事实上，人的一生中从来没有一个阶段大脑是完全"固定不变"的。相反，我们的神经元始终都保持着生长的潜力，能够在一个神经元和另一个神经元之间建立新的联结，并强化已有的联结。此外，在整个成年时期，我们都保持着髓鞘生长的能力，髓鞘是一种绝缘层，可以保护神经元以及在它们之间的信号传导。

另一个有关提升希望的建议是：练习乐观的自我对话。

认知行为疗法与习得性无助之间的联系导致了"复原力训练"的发展，这一互动课程是认知行为疗法的一种预防性措施。在一项研究中，完成这项训练的儿童在接下来的两年中悲观的程度较低，较少有抑郁的症状。在一个类似的研究中，悲观的大学生在随后的两年中较少出现焦虑，在此后的三年中，抑郁症状也更轻。

如果在阅读这一章的过程中，你意识到自己是一个极端的悲观主义者，那么我建议你去找一位认知行为治疗师。我知道这个推荐听起来会让人多么不开心。多年前，当我还处于青春期时，我给

"亲爱的艾比"写了一封信，诉说我遇到的问题。她回信说："去看心理医生。"我记得我当时撕毁了她的信，对她没有提出一个更清晰、更快捷、更简单的解决方案而感到愤怒。然而，以为阅读20页关于希望的科学研究就能消除根深蒂固悲观偏见，也未免太天真了。

重点是，你可以修改你的自我对话，你可以不让它干扰你朝着自己的目标前进。有了实践和指导，你可以改变自己思考和感觉的方式，最重要的是，当人生路变得艰难时，你改变自己的行为模式。

我的最后一个建议是：寻求帮助。

几年前，我遇到一位退休的数学家，名叫朗达·休斯。朗达的家里没有人上过大学，但她最终获得了数学博士学位。她曾发出过80个教师职位申请，有79个申请都被拒绝了，于是她去了唯一给她提供了工作机会的大学上班。

朗达告诉我，她对坚毅力量表中的一个问题有点儿意见。"我不喜欢这样的问题——'挫折不会让我气馁。'这是不合情理的。我的意思是，谁不会因挫折而气馁呢？我一定会的。我认为你应该说，'挫折不会让我气馁很长时间，我又振作起来了。'"

当然，朗达是对的。我也毫不含糊地修改了相应的问题。

不过，朗达从来都不是独自一个人面对挫败的，她认为寻求帮助是一个保持希望的好办法。

她告诉我："我有一个导师，他预料到我会成为一个数学家。

有一次，我考得很糟糕，我在他的办公室里哭了。突然，他从椅子上跳了起来，一句话都没有说就从房间里跑了出去。当他回来时，他说：'孩子，你应该去数学研究生院，你所有的课都选错了！'他列出了所有我应该上的课程，以及其他老师承诺给予我的帮助。"

大约 20 年前，朗达与另一位数学家西尔维亚·伯兹曼共同创办了边缘项目（EDGE）。EDGE 是"提高研究生教育的多元化"（Enhancing Diversity in Graduate Education）的简写，其使命是支持妇女和少数族裔学生攻读数学博士。西尔维亚说："人们认为学数学的人必须有一些特殊的才能。他们认为这种才能是一种天赋。但朗达和我一直在说，'你的数学能力实际上是发展起来的。不要放弃！'"

"在我的职业生涯中，有好多次我都想打包走人，想放弃，去做一些更容易的事。"朗达告诉我，"但总是有人以某种方式告诉我要坚持下去。我认为每个人都需要这样的支持，你不觉得吗？"

GRIT

第三部分
如何让你的孩子更坚毅？

第 10 章

对孩子应该严厉地管教还是无条件地去爱？

要让我关心的人具备坚毅的品格，我能做些什么呢？

每天至少有一次，会有人问我这个问题。不过，通常提出这个问题的，还是那些担心孩子没有实现自己潜力的父母。

很多人都以家长的角度向我提问，即使他们并非真的是家长。"教育"（parenting）这个词源于拉丁语，意思是"生产、产出"。如果你想得到指导，想知道如何帮助自己关心的人在兴趣、练习、目标和希望方面产生最好的结果，那么你就是在以父母般的方式在行动。

————

当我反过来问提问者，他们觉得应该怎样"培养坚毅的品格"时，我得到了不同的答案。

有些人相信，坚毅是在逆境的熔炉中冶炼出来的；有些人则搬出了尼采的话："那些杀不死你的，使你更强大。"[①]这类观点往往让人联想起一些面色严峻的父母，他们坐在比赛场外，无休止地挑剔孩子，要求孩子一定要取胜；他们也会让孩子长久地坐在钢琴前练习，并为孩子得了一个"良"而惩罚他们。

这种看法假设，"提供爱的支持"和"提出高标准的要求"是一个连续体的两端，坚毅者的权威主义父母远远位居中心点的右边。

一个世纪前时任约翰·霍普金斯大学心理学系主任的约翰·华生也持有类似观点。在其1928年的畅销育儿指南《婴儿和儿童的心理照料》(*Psychological Care of Infant and Child*)一书中，华生提出了如何教育这样的孩子——他"会在工作和玩耍中忘记自己，能够很快克服环境中小小的困难……在进入成年期时，他有稳定的工作和情绪习惯的支撑，没有任何灾难可以压倒他"。

这是他的建议："不要拥抱和亲吻他，永远不要让他坐在你的腿上。如果你必须亲吻他的话，可在他说晚安的时候，在他的额头上亲一下。早上和他握手。如果他在困难的任务上做得极其出色，可以轻轻拍拍他的头。"华生进一步建议：让孩子"从出生的那一刻起"就学会自己应对问题，要轮换不同的人照顾孩子以防孩子对任何一个成年人产生不健康的依恋，避免孩子产生阻碍他们"征服世界"的脆弱情感。

---

① 当我听人这么说时，有时我会打断对方，并沿用史提夫·迈尔的研究——"实际上，找到摆脱痛苦的方法，才会让你更强大"。

当然，有些人持有与上述观点完全相反的立场。

他们认为，当孩子被给予大量无条件的爱和支持的时候，他们的毅力，特别是激情之花便会绽放开来。他们主张亲切温和的育儿之道，提倡给予孩子更多的拥抱和更多的自由。儿童有寻求挑战的天性，我们只需给予他们无条件的爱和关怀，孩子与生俱来的上进人就会展示出来，孩子们会遵从自己的内在兴趣，随之而来的是自律的行为和面对挫折时的韧性。

在支持性的和要求性的这两极构成的教育连续体之间，这种以"儿童为中心"取向的父母位于中心点的最左边。

———

那么，坚毅究竟是在严峻的高标准的考验中锻造出来的，还是在温暖的拥抱和爱的支持中孕育出来的呢？

作为一名科学家，我认为我们还需要更多的研究来解答这个问题，目前还没有将教育和坚毅相结合的研究。

但作为两个十几岁孩子的母亲，我没有时间等待，我现在就要做出决定。我的女儿们正在长大，在她们成长的每一天，我和丈夫都或好或坏地在教育着她们。除此之外，作为一名教授和实验室主任，我在工作中要与几十个年轻人互动，我也很想提升他们的坚毅指数。

所以，作为解决争议的一个步骤，我对上述两种观点分别进行了研究。一个崇尚旧式严格教育之道的人建议我跟坚毅典范史蒂夫·杨谈一谈。史蒂夫是橄榄球界破纪录的四分卫，他所信奉的摩门教对孩子的教育包括每日送报、学前查经、绝对不许骂人或饮酒等。同时，一个推崇自由教育之道的人向我介绍了弗朗西斯卡·马丁内兹。弗朗西斯卡是一位英国喜剧家，她的作家父亲和环保主义者母亲允许她在 16 岁的时候辍学，而当她将自己的回忆录命名为"什么是正常"时，其父母不以为怪。

让我们先从史蒂夫·杨开始吧。

作为旧金山淘金者队的传奇四分卫，史蒂夫两次被美国国家橄榄球联盟（NFL）评为"最有价值的球员"。他在第 29 届超级碗（Super Bowl）比赛中被选为最有价值的球员，这期间他完成了破纪录的 6 次触地传球。他退休时，是美国国家橄榄球联盟历史上评级最高的四分卫。

史蒂夫说："父母给我打下了坚实的根基。我希望每个人都可以拥有良好的家庭教育。"

下面这个故事可以说明他的观点。

高中时期，史蒂夫是他所在学校橄榄球队的明星，在毕业后他进入杨百翰大学，成为校队第 8 序位的四分卫。由于史蒂夫之前还有 7 个四分卫，所以教练把他放到了"汉堡队"——一个由一些较差的球员组成的小组，他们的主要作用是给杨百翰大学的球员当陪练。

"当时，我真想回家。"史蒂夫回忆说："在大学的第一学期，我的行李都是打好包的……我给父亲打电话说，'教练都不知道我的名字，我只是一个给后卫陪练的工具，这太可怕了，这根本不是我期望的，我想回家。'"

史蒂夫的父亲被他描述为"超级硬汉"，父亲告诉他："你可以退出，但你不能回家，因为我不想和一个逃兵在一起生活。你从小就知道这一点，所以你不能回来。"于是，史蒂夫留在了学校。

整个秋季，史蒂夫都是第一个去练习，最后一个离开。之后，他又进一步加强了他的个人训练："在球房的最后面挂了一个巨大的网。我蹲在一个假想的中心后面，停一下，做三步扔球，然后投在网上。从一月开始到二月结束，我扔了一万多个螺旋球。我的胳膊很疼，但我想成为一个真正的四分卫。"

到了大二，史蒂夫从排行第8的四分卫上升到第二。大三时，他成了杨百翰大学的首发四分卫。在大学的最后一年，史蒂夫被授予戴维·奥勃良全美最佳四分卫奖。

在史蒂夫的运动生涯中，他动摇过好几次。每一次，他都非常想退出；每一次，他的父亲都坚决不许他退出。

一个更早的故事发生在他初中打棒球的时候。史提夫回忆说："当时我13岁，我一整年都没有打到一个球，我感到越来越沮丧……一场又一场比赛，我一个球都打不到。"当赛季结束的时候，史蒂夫告诉父亲，他已经受够了。"我父亲直视着我的眼睛说：'你不能退出，你有能力，你需要的是继续练习。'"于是，史蒂夫和父亲回到了球场训练。"那天非常冷，雨雪交加。父亲扔球，我击球。"

就这样,到了高中的最后一年,作为学校棒球队的队长,史蒂夫的击球率是 0.384。

史蒂夫相信坚持最终会有回报。与换球队相比,史蒂夫更在意的是能拜乔·蒙塔纳为师——蒙塔纳是球队的首发四分卫及队长,并带领球队获得过 4 次超级碗冠军。"如果我想知道自己究竟有多大的潜力,就要留在旧金山淘金者队,即使这么做是极其困难的。很多次,我都想过要离开,在失眠的夜里我仿佛听到喝倒彩的嘘声,但我不敢打电话给父亲,我知道他会让我坚持下去。"

通过史蒂夫·杨的经历,你可能会得出这样的结论:坚毅的孩子的父母是专制型的。他们的父母以自己的标准为中心,对孩子的特殊需求相当不敏感。

在你做出最后的判定前,不妨坐下来和史蒂夫的母亲雪莉,以及父亲莱格兰德聊一聊。莱格兰德会告诉你,他童年时的绰号"Grit"(坚毅)名副其实地抓住了他对生活的态度。史蒂夫的弟弟迈克曾这样评价自己的父亲:"他的优点就是努力、坚强和不抱怨。这个绰号真的很适合他。"

作为一名企业律师,莱格兰德几乎没有请过一天假。25 年前,莱格兰德在当地的健身馆健身的时候,一位健身者向他挑战做仰卧起坐。一年之后,他能连续做 1 000 个仰卧起坐,而挑战他的人后来都输掉退出了。之后,莱格兰德开始跟自己比赛,他继续练习,几年后能连续做10 000个仰卧起坐。

我打电话给史蒂夫的父母，想请他们谈谈他们的教育方式，我曾猜测与他们的交流会是很严肃和拘谨的。不料，雪莉说的第一句话就是：" 我们很高兴跟你聊，史蒂夫是一个很棒的孩子！ "然后莱格兰德开玩笑说，鉴于我的研究领域，他很惊讶我花了这么长的时间才来找他们。

我放松地坐下来，听他们讲述如何从小学会努力面对人生。雪莉说，"我们家是务农的，家长期望孩子能帮忙。"雪莉从10岁就开始摘樱桃；莱格兰德也一样，为了挣钱买棒球手套和衣服，他给别人修剪草坪、骑着自行车送报纸，而且什么农活都干过。

到了自己教育孩子的时候，无论是雪莉还是莱格兰德都会刻意为孩子们提供类似的挑战。莱格兰德说：" 我的目标是教他们自律，以及像我那样认真做事。你必须这样学习、体验。坚毅的品质不会自动产生。对我来说，教导孩子们有始有终地做完事情是很重要的。"

父母的以身作则，让史蒂夫和他的兄弟姐妹们知道，无论他们做出了怎样的选择，都必须坚持到底。"你不能说，'哦，我厌倦了。' 一旦你承诺了，你就要约束自己去完成它。这期间你肯定有不想去做的时候，但你必须坚持。"

听起来很严格，对吗？是的。但你仔细了解，就会发现这对夫妇对孩子也是极其支持的。

史蒂夫讲了他9岁时在打华纳橄榄球赛时被对手拦截摔倒的故事。当时他抬头看到母亲夹着她的手提包，大步越过他，抓住那个男孩的肩垫，告诉他再也不许违规地扭着史蒂夫的脖子摔倒他。

作为一名公司的律师，莱格兰德经常出差。"无论我们去哪里出差，如果没在星期五完成业务，就必须在下个星期一继续工作。我认识的大多数人周末都会留在当地，不过我不是这样，我总是尽我所能赶回家去过周末。有一次我出差到蒙大拿州与一家铝厂谈判，那个周五的晚上我乘出租车来到机场，却遇到漫天大雾，所有的航班都被取消了。"

我想了一下在相同的情况下，我会怎么做，而在听到后续的故事时，我感到有点儿脸红。莱格兰德租了一辆汽车，他开车到斯波坎，又乘飞机到西雅图，然后转飞到旧金山，最后转了第三趟飞机，搭乘了一个夜间的红眼航班，于次日黎明到达纽约肯尼迪机场。之后，他又租了一辆汽车，回到了位于康涅狄格州格林威治的家。莱格兰德说："我不是在夸自己，我只是认为，跟孩子们在一起、支持他们，这很重要，无论是体育活动还是其他任何事情。"

雪莉和莱格兰德也很关心孩子们的情感需求。比如，史蒂夫特别容易焦虑。"我们注意到有些事情他不肯做。"莱格兰德说："二年级时，他拒绝上学。12岁时，他不肯去童子军营地。他从没去过别的孩子家过夜，他就是不愿意这样做。"

我很难将英勇无畏的全明星四分卫史蒂夫与他父母所描述的那个胆小的男孩形象联系在一起。莱格兰德说，有一次，他到学校接史蒂夫，要带他到他的叔叔家待一天，结果史蒂夫一直在哭。听到要离开自己的家，他简直吓坏了。我很想知道，莱格兰德和雪莉对史蒂夫的表现会作何反应。他们是要告诉儿子要像个男人吗？

不，并没有。莱格兰德描述了当小学时的史蒂夫拒绝上学时，他和儿子的谈话。这场谈话显示出，莱格兰德对孩子主要是询问和倾听，而不是说教和批评："我问史蒂夫，'有人欺负你吗？'他说，'没有。''你喜欢你的老师吗？''我爱我的老师。''嗯，那你为什么不想去上学呢？''我不知道。我就是不想去上学。'"

最后，雪莉在史蒂夫的二年级教室里坐了好几周，直到史蒂夫终于可以主动上学了。

"这属于分离焦虑。"雪莉告诉我，"当时，我们不知道该怎么称呼这种现象，但我们知道他内心很紧张，我们知道他需要克服这些问题。"

后来，当我让史蒂夫讲述他在大学第一学期的痛苦经历时，我指出，如果有人只听到了这一部分的故事，而没有听到他成长中的其他经历，那么他可能会得出这样的结论：史蒂夫的父亲是个暴君。你想想什么样的父母会拒绝儿子回家的请求呢？

史蒂夫说："是啊，所有的故事都需要背景，对吧？"这个背景就是：我爸爸了解我。他知道我想跑回家，但如果他允许我这样做了，就是让我屈服于我的恐惧。

"这是一种充满爱的行为。"史蒂夫总结说，"很严厉，但充满了爱。"

但是，在严厉的爱和虐待之间，只有一条细细的分隔线，不是吗？这两者有什么区别呢？

"我知道决定其实是由我自己做出的。"史蒂夫说，"我知道，父亲不想让我成为他。首先，父母需要做一些事情，证明给孩子：'我不想让你只是按照我说的去做，去控制你，让你像我一样，让你做我所做的事，要求你弥补我没有做好的。'我很小的时候，爸爸就告诉我，我所做的事无关他和他的需要，他只是想给我他所拥有的一切。"严厉的爱的基础是无私，我认为这是至关重要的。如果父母只是想控制你，孩子是会感觉得到的。我知道我的父母通过每一种方式表达出来的信息都是：'我们期待看到你的成功，我们永远在你身后支持你。'"

————

如果说杨的故事让你明白，"严厉"和"爱"不见得是互相矛盾的，请暂且保留这一想法，再来看看弗朗西斯卡·马丁内兹和她的父母，亚历克斯和蒂娜。

弗朗西斯卡被《观察家报》称为英国最幽默的喜剧家之一，她的演出门票经常被世界各地的观众抢购一空。在常规表演中，她打破了杨家"不说脏话"的规则，而且，演出后她肯定会违反禁酒令。像她的父母一样，弗朗西斯卡是一个终身的素食主义者，她不信教，在政治上偏左派。

弗朗西斯卡两岁时被诊断患有脑瘫，医生说她"永远无法过正常人的生活"，但她的父母认为，医生并不能决定他们的女儿将成为什么样的人。无论是谁，成为一名喜剧明星都需要坚毅的品质，但如果你连清晰发音和走上舞台都是一个挑战，那么你可能需要更加坚毅。像其他有抱负的喜剧人一样，弗朗西斯卡也有过单程开车4小时去做10分钟没有报酬的表演、给冷漠而忙碌的电视制作人打了无数的电话却被怠慢等经历。和大多数同行不同的是，她在每次演出之前都需要做呼吸和发声练习。

"我不会把我的勤奋和激情归功于自己。"她告诉我，"我认为这些品质来自我的家庭，我们家是非常有爱并且非常稳定的，父母无条件的支持和满满的正能量是我雄心勃勃的原因。"

对这么一个连以正常节奏走路和说话都费劲的女孩，弗朗西斯卡学校的辅导员对她选择娱乐业持怀疑态度。当她从高中辍学去追寻自己的职业生涯时，他们就更担心了："哦，弗朗西斯卡，想想更现实的事吧，比如做电脑类的工作。"不过，坐办公室是弗朗西斯卡最受不了的工作。她问父母，她应该做什么。

"追随你的梦想。"亚历克斯告诉他的女儿，"如果实现不了，你可以重新评估自己的目标。"

弗朗西斯卡说："我母亲同样支持我。我16岁就辍学去表演，我的父母对此乐观其成。他们允许我周末和朋友们一起泡吧，周围都是俏皮的男人和有色情名字的鸡尾酒。"

我向亚历克斯讨教他给出的"追随你的梦想"的建议。在对此做出解释之前，亚历克斯提醒我，弗朗西斯卡的哥哥拉乌尔也是高中就辍学，跟随一个著名的肖像画家学画画去了。"我们从不给任何一个孩子施加压力，也不会强迫他们成为医生、律师或诸如此类的人。我相信，当你做你真正想做的事时，它就变成了一种职业。

弗朗西斯卡和她的哥哥非常勤奋，他们对自己做的事充满激情，所以对他们来说，工作一点儿都不会对他们构成压迫。"

蒂娜完全同意："我有一种直觉，生命以及自然和进化已经赋予了孩子们能力，以及他们的命运。就像一棵植物，如果我们以恰当的方式给它施肥和浇水，它就会长得茁壮而美丽。关键是要为孩子创造合适的环境——具有滋养性的，能倾听他们的需求并做出回应的环境。每个孩子都携带着自己有关未来的种子。如果我们相信他们，他们的兴趣就会萌发。"

弗朗西斯卡即便在逆境中也依然保持着希望，她将自己的这一品质归功于她"酷毙了的"父母给予她的无条件的支持："坚持不懈，这在很大程度上取决于你相信自己能够做到。这种信念来自自我价值感，而自我价值感又来自别人如何让我们体味自己的人生。"

到目前为止，亚历克斯和蒂娜似乎是放任型教育的缩影。

亚历克斯说："事实上，我并不喜欢被宠坏的孩子。孩子必须被关爱和接纳，但是，他们也需要被教导：'不，你不能用那根棍子打姐姐的头。''是的，你必须分享。''不，你不能想要什么就得到什么。'这样的教育方式是不允许无理取闹的。"

例如，亚历克斯让弗朗西斯卡做物理治疗，但弗朗西斯卡痛恨这些治疗，她和父亲为此斗争了数年。弗朗西斯卡不明白自己为什么不能克服身体的局限，而亚历克斯认为他需要坚定立场。正如弗朗西斯卡在书中所说："在接下来的几年里，尽管我在很多方面都是快乐的，但中间仍夹杂着强烈的吵闹——摔门、掉眼泪和扔东西。"

这些冲突是否可以处理得更巧妙一些？这很难说。亚历克斯认为，当年他可以做得更好些。其实，真正触动我的是，充满温情、支持孩子追寻梦想的父母仍然感到需要制定纪律方面的规矩。所以，将亚历克斯和蒂娜视为嬉皮士型父母，这种单维视角俨然是不完整的。

身为作家的亚历克斯在讲述他如何为孩子树立榜样时说："要完成一件事情，你就必须把工作做到家。我年轻的时候，曾遇到许多会写东西的人，他们会对我说，'我也是一个作家，但我从来没有完成过任何作品。'要是那样的话，这些人就不是作家，他们只是能够在纸上写东西的人。如果你想写作，那就去写吧，写完它。"

蒂娜对此表示同意，就像孩子们需要自由一样，他们也需要规矩。蒂娜是一名家庭教师，也是一名环保活动家，她看到很多父母与孩子之间进行着被她称为"央求和抗辩的讨价还价"。"我们教孩子生活在明确的原则和道德准则之下。"她说，"我们解释我们的理由，这样孩子们就会知道边界在哪里。"

"而且，我们家没有电视机。"她补充说，"我觉得电视是一种催眠的媒介，我不想让它取代人与人之间的互动，所以我们家压根儿就没有电视机。如果孩子们想看一些特别的节目，他们会到祖父母家去看。"

我们能够从史蒂夫·杨和弗朗西斯卡·马丁内兹的故事中学到什么？我们从其他坚毅典范对其父母的描述中，又可以得到哪些启示？

事实上，我发现了一个模式。对于想让孩子具备坚毅品质的父母来说，该模式也是一份决策指南。

我再次声明，作为一个科学家，在给出确定的结论之前，我需要收集更多的数据。在未来的十多年，对于如何培养出坚毅的孩子，我应该会有更多的体悟，因为在教育孩子方面没有暂停键，所以我不妨先告诉你们我的一些直觉。

以下是我的看法。

首先，在支持性的教育与要求型的教育之间，没有一个非此即彼的此消彼长。一个常见的误解认为，"强硬的爱"是在喜爱和尊重这一端以及"严格要求达到期望"这另一端之间，小心地达到一个平衡点。实际上，你可以同时兼顾这两个方面。很明显，这也正是史蒂夫·杨和弗朗西斯卡·马丁内兹的父母所做的。杨的父母是强硬的，但他们也很爱自己的孩子。马丁内兹的父母很有爱，但他们也很严格。在明确地把孩子的兴趣放到第一位这一点上，这两个家庭都是"以孩子为中心"的，但没有一个家庭认为，对于应该做什么、该多努力，以及何时可以放弃，孩子们总是能做出比父母更好的判断。

下面这张图代表了当代的心理学家对教育方式的分类。它不是一个连续的谱系，而是两个。右上方的象限是对孩子既要求严格又坚定支持的家长，专业术语是"权威型教育"（authoritative parenting），这种教育模式很容易与"专制型教育"（authoritarian parenting）混淆。为了避免这种混淆，我会将权威型教育称为明智型教育（wise parenting），因为在这一象限中，家长能准确地判断孩子的心理需求，他们认可孩子们需要爱、限制和自由，以实现他们的全部潜力。父母的权威是基于知识和智慧，而不是权力。

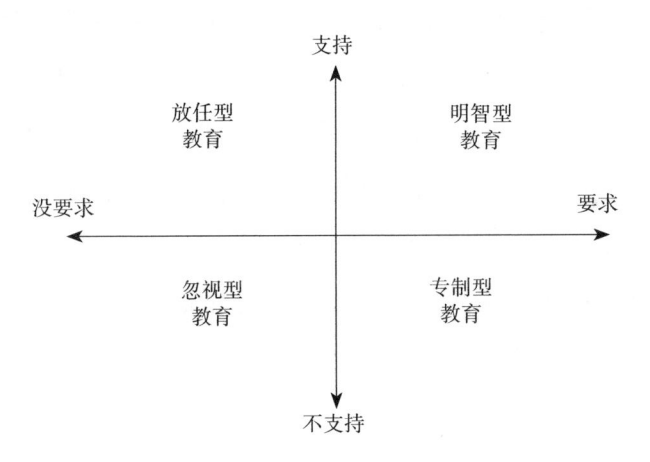

```
                    支持
                     ↑
        放任型       |      明智型
        教育        |      教育
                    |
   没要求 ←─────────┼─────────→ 要求
                    |
        忽视型      |      专制型
        教育        |      教育
                     ↓
                   不支持
```

另外三个象限代表三种其他常见的教育方式，包括对孩子要求不高也不支持孩子的教育方式，其典型就是忽视型教育。忽视型教育会制造出特别有害的情绪氛围，但对这种教育方式，我在此不做更多的讨论，因为就坚毅的父母如何教育孩子这个话题，忽视型父母难以被列入其中。

专制型的家长对孩子是有要求但不支持的，完全接近约翰·华生强化孩子品格的主张。与此相反，放任型的家长对孩子是支持的和没有什么要求的。

心理学家拉里·斯坦伯格2001年在"青少年研究协会"发表主席就职演说时，提出暂停对父母教育方式做进一步的研究，在他看来，已经有太多证据显示了支持与要求兼顾的教育方式的益处，科学家大可把精力转移到更为棘手的问题上。事实上，在过去的40年中，大量研究发现，明智型家长教育出的孩子比其他类型的家长教育出的孩子更优秀。

比如，在拉里的一项研究中，有大约10 000名美国青少年就其父母的行为填写了调查问卷。无论性别、种族、社会阶层或父母的婚姻状况如何，如果这些青少年的父母是温暖、尊重孩子并对孩子要求高的，那么这些孩子在学校的成绩就会更好、更独立、更少出现焦虑和抑郁的症状，从事违法行为的可能性也更小。而纵向研究表明，明智型教育的益处在10年后，甚至更长的时间里，都能被测量出来。

教育研究中的一大发现是，比家长想要传递的信息更为重要的是他们的孩子接收到了什么样的信息。

比如，不许看电视或禁止骂人，这些看似是典型的专制型教育，但实际上，这样的父母不一定是专制的。另外，让孩子从高中辍学似乎是放任型教育，但它可能只是反映了父母在所看重的规矩方面的差异。换言之，如果你在超市的走廊上听到一位父母在教育孩子，请不要急于做判断。大多数情况下，你并没有足够的背景信息来了解这个孩子是如何解读这些交流的。孩子获得了什么样的经验，这才是真正重要的。

你是一个明智的父母吗？请使用下述的教育评估来了解一下自己。这一评估由心理学家、育儿专家南希·达令开发。

其中一些问题是斜体字。这属于"反向记分"的题目，意味着它们跟别的题目是相反的。

支持：温暖

如果我遇到问题，我可以指望父母的帮助。

父母会花时间和我交流。

父母会和我一起做开心的事情。

父母其实不喜欢听我讲我遇到的麻烦。

父母几乎从不表扬我做得好。

支持：尊重

父母认为我有权持有自己的观点。

父母告诉我，他们的想法是正确的，我不应该质疑他们。

父母尊重我的隐私。

父母给了我很多自由。

对于我能做什么，我的父母做了大多数的决定。

要求

父母非常希望我能遵守家规。
父母真的会让我逃避后果。
父母指出能让我做得更好的方法。
当我做错事时，父母不会惩罚我。
即使事情很难，父母也期望我做到最好。

在支持、尊重和高标准的家庭中成长，会给孩子带来很多好处，其中一点与坚毅特别相关，即明智型教育鼓励孩子们效法他们的父母。

当然，在一定程度上，年幼的孩子都在模仿他们的父母。当我们没有其他参照物时，说真的，除了模仿父母的口音、习惯和态度，我们还有别的选择吗？我们会学他们说话的样子，吃他们所吃的东西，我们像他们一样喜欢或不喜欢某些事物。

一个年幼的孩子模仿成人的本能是很强的。比如，在50多年前斯坦福大学所做的一个经典心理学实验中，研究人员让学龄前儿童观看成年人玩玩具时的情景，然后让他们玩自己的玩具。其中，有一半的孩子看到的是，成年人静静地玩组装玩具，大人们对房间里一个和小孩一样大的充气娃娃不予理会；另一半的孩子则看到成年人玩了一分钟玩具后，转而开始恶意地攻击充气娃娃。大人先是用拳头，然后用木槌打娃娃，把娃娃扔向空中，最后，在尖叫和呐喊中，攻击性地踢房间里的娃娃。

结果证明，那些看到成年人静静地玩玩具的孩子也会静静地玩着，但看到成年人打娃娃的孩子则具有攻击性。孩子们对成年人暴力行为的模仿是如此相像，以至于研究人员将他们的行为描述为"如出一辙"。

不过，效法和模仿是有区别的。

当我们长大时，我们会逐渐发展出反思自己行动的能力，并具备对我们钦慕和不屑的人进行判断的能力。当父母对我们有爱、尊重和有要求的时候，我们不仅会以他们为榜样，我们还会敬畏这个榜样。我们不仅会听从他们，还知道他们为什么会提出这些要求。我们会渴望追求同样的兴趣，例如，史蒂夫·杨的父亲曾是伯明翰大学里出色的橄榄球运动员，而弗朗西斯卡·马丁内兹则像她的父亲一样，很早就发展出了对写作的热爱。

本杰明·布鲁姆和他的团队在对世界顶级人才的研究中，提出了同样的模式。他们发现，具有支持性和高要求的家长几乎都是"职业道德的模范，他们被视为辛勤的工作者。无论做什么，都会做到最好。他们认为，工作应该优先于玩乐，一个人应该为远大的目标而努力"。而且，大多数家长会很自然地鼓励孩子参加他们喜欢的活动。事实上，布鲁姆得出的总结性结论之一是："父母自己的兴趣在某种程度上会传染给孩子，我们一再发现，钢琴家也会送他们的孩子去上网球课，但一定会亲自带着他们的孩子去上钢琴课，网球运动员的家庭则正好相反。

相当多的坚毅典范都满怀骄傲和敬畏地告诉我，父母是他们最尊敬并且对他们影响最大的榜样，也就是说，他们都产生出了与父母非常相似的兴趣。显然，这些坚毅典范在成长的过程中，不只是在模仿他们的父母，也是在效法他们。

这种逻辑推出的结论是，并非所有明智型家长教育出的孩子都会成长为坚毅的人，因为并非所有明智型的家长都懂得示范坚毅。即便他们对孩子是支持且高要求的，他们也可能没有就长期目标表现出激情和毅力。

如果你想让你的孩子具备坚毅的品格，就要先自问一下，对于自己的生活目标，你有多少激情和毅力。然后再问问自己，你的教育方式有多大可能去鼓励你的孩子效法你。如果你对第一个问题的答案是"很多"，对第二个问题的答案是"很大"，那么，你已经在培养一个坚毅的孩子了。

———

为孩子奠定坚毅基础的，不仅是母亲和父亲。

对成年人来说，还有一个更大的超越了核心家庭的生态系统。我们集体性地负责"抚养"下一代，在这个意义上，所有人都是年青一代的"父母"。当我们对其他人的孩子扮演了支持性且高要求的导师的角色时，我们可以发挥巨大的影响力。

科技企业家托比·卢特克是一个坚毅的典范，他曾有过一位良师益友。托比 16 岁时从高中辍学。在学校时，他没有获得任何积极的学习体验。之后，在一家工程公司当学徒时，他遇到了尤尔根，一个在地下室里工作的程序员。在托比眼里，尤尔根是一个"50 多岁、长发花白的男人，仿佛来自地狱天使帮会"。在尤尔根的指导下，托比发现，他虽然曾被诊断为一个有学习障碍的差生，但他作为一名计算机程序员却在不断进步。

"尤尔根是位教育大师。"托比说，"他创造的环境让我飞速地成长起来。"

每天早上，托比都会看到一页打印纸，那是他前一天写的代码，尤尔根用红笔写满了评论、建议和需要更正的地方。"这教会我不要把自尊和自己写的代码纠结在一起。"托比说，"我发现，总有办法可以改进，能得到这种反馈弥足珍贵。"

有一天，尤尔根让托比去通用汽车公司主持一项软件安装工作。为了工作，公司给了托比一笔额外的费用，让他买了平生第一套西装。托比以为尤尔根会负责所有的谈话但在出发的前一天，尤尔根很随意地跟托比说，他有事要到别的地方去。就这样，托比独自一人去了通用汽车公司，结果安装工作还是很成功的。

"这个模式不断重复。"托比说，"尤尔根知道我的舒适区，他故意制造了一些机会，让我刚好处于舒适区外。我通过尝试错误、独立工作来克服自己的局限……我成功了。"

之后，托比创建了买之家（Shopify）——一家给网上商店提供服务的软件公司，最近的年收入超过 1 亿美元。

———

事实上，最近的研究指出了教育学生与教育孩子之间的极度相似之处。明智型的教师可以在很大程度上改变学生的人生。

罗恩·佛根森是哈佛大学的经济学家，在最近的研究中，罗恩与盖茨基金会合作，对1 892个不同教室里的学生和教师进行了研究。一些教师被认为是对学生要求很高的，他们在学生的眼里是这样的："除非我们付出了最大的努力，否则我的老师不会满意。"以及"这个班的学生必须按照教师要求的方式行事。"这些高要求的教师能够让学生的学业逐年出现明显的进步。还有一些教师被认为是支持和尊重学生的，在学生的眼里，他们是这样的："如果有什么事情困扰我，我的老师就会知道"，或者"老师希望我们和他分享自己的想法"。这样的老师能够提升学生的幸福感：学习的主动性以及上大学的愿望。

罗恩发现，老师也可以分为明智型、放任型、专制型和忽略型。明智型教师除了能增进学生的幸福感、参与度和对未来的高期望之外，还能够增强学生的竞争力。

最近，心理学家戴维·雅格和格奥夫·科恩进行了一个实验，看看结合了高期望与不懈支持的信息对学生产生了什么影响。他们要求七年级的教师给学生的论文提供书面反馈，包括改进的建议和鼓励学生的话。和往常一样，老师们在学生论文的空白处写上了评论。

接下来,老师们把标记好的论文都给了研究人员,他们将论文随机分为两堆。在其中一半的论文里,研究人员贴上了一张便条,写道:"我给你这些评语,以便你能得到对你论文的反馈。"这是对照组。

在另外一半论文中,研究人员也放了一张便条,上面写道:"我给你这些评语,因为我对你有非常高的期望,而且我知道你能达到那些期望。"这是明智型的反馈组。

研究人员让老师在课堂上把论文发还给学生,每一篇论文都被装在了一个文件夹中,所以,老师不会看到哪个学生收到了哪张便条,学生也不会注意到其他同学收到的便条与自己的不同。

然后,学生们可以选择是否在接下来的一周修改他们的论文。

当论文再次被收上来的时候,戴维发现,大约有40%对照组的学生决定修改自己的论文;相比之下,收到明智型反馈的学生中有80%修改了自己的论文,后者是前者的两倍。

在一个采用不同样本的重复研究中,一些学生收到了这样的明智型反馈:"我给你这些意见,因为我对你有非常高的期望,我相信你可以达到这些期望。"结果这些学生对论文进行修改的部分是对照组学生的两倍。

无疑,在传递温暖、尊重和高期望方面,粘贴式便条是不可能替代日常的手势、评论和行动的,但这些实验确实说明,即便是一个简单的信息,也可以具有强大的激励作用。

并非每一位坚毅典范都幸运地拥有明智的父母,但每一位受访者都指出,他们生命中有某个人,在正确的时间以正确的方式,鼓励他们树立更高的人生目标,并给予他们亟需的信心和支持。

我们不妨看看科迪·科尔曼的故事。

几年前,科迪给我发了一封电子邮件。他看到我所做的关于坚毅的TED演讲,于是想和我谈谈,他认为他的故事或许对我有所帮助。他在麻省理工学院电气工程和计算机科学系学习,即将以近乎完美的GPA成绩毕业。在他看来,天赋和机会与他的成绩几乎没有太多关联。相反,他的成功基于持续的激情和毅力。

以下就是我听到的故事。

科迪出生于新泽西州特伦顿的蒙默思郡惩教所,他的母亲是美国联邦调查局裁定的精神病人。科迪之所以出生在惩教所里,是因为他母亲在此前威胁要杀死一位参议员的孩子,因而被监禁。科迪从未见过他的父亲。科迪的祖母取得了科迪和他兄弟们的合法监护权,老人的这个做法拯救了孩子们的命运。科迪的祖母不是一个典型的明智型家长,她的身体和精神状况都很差。科迪说,很快,他就更多地承担起了照顾家人的责任:做饭、打扫卫生。

"我们是穷人。"科迪说,"当学校做捐赠食品的活动时就会有人把食物送到我们家,因为我们是社区里最穷的一家人,而我们所在社区本身也不是那么富裕。我所在的学区,每一项分类的得分都低于平均水平。"

"更糟糕的是,"科迪继续说,"我没有运动细胞,也不是一个很聪明的人。我一直在上英语补习班,我的数学成绩最高也只是平均水平。"

那么,之后又发生了什么事呢?

"高一暑假的一天,比我大18岁的大哥回家了。他开车从弗吉尼亚来接我,让我去他那里住两周。路上,他转身问我:'你想去哪里上大学?'"

科迪告诉大哥:"我不知道,我想去一所好大学,比如普林斯顿大学。"然后,他立即把话收回来:"不过,这样的学校是不可能收我的。"

"为什么普林斯顿大学不会收你呢?"科迪的大哥问他:"如果你更加努力,继续严格要求自己,你就可以考进普林斯顿大学。你可以试试,反正也没什么坏处。"

科迪回忆道:"就在那一刻,我突然开窍了,我从'为什么要劳神呢'转为'为什么不试试呢'。我知道自己可能考不上一个真正的好大学,但如果我去尝试,就可能有一个机会。如果我从不尝试,那就根本没有任何机会了。"

接下来的一年,科迪刻苦地学习。到了高中三年级时,他所有的成绩都是"A"了。他遇到了一位明智型的数学老师尚特尔·史密斯,这位老师像母亲一样关怀他。在高中最后一年,科迪开始寻找全美最好的计算机科学与工程系,他将自己梦想的大学从普林斯顿大学改成了麻省理工学院。

尚特尔为科迪支付了驾校的费用,还设立了一个"大学宿舍基金"帮科迪募集上大学所需的日常生活开销。尚特尔给科迪寄毛衣、帽子、手套和厚袜子等,让他抵御寒冬。尚特尔每天都关心科迪的状态,每个假期都请他回到自己家里来,并且在科迪祖母的葬礼上安慰他。在尚特尔家,科迪第一次拥有了写有自己名字的圣诞礼物,第一次装饰了复活节彩蛋。在24岁的时候,尚特尔为他举办了人生第一个生日聚会。

之后,科迪考上了麻省理工学院,与新的挑战一起而来的是科迪所称的"支持系统"——院长、教授,学生联谊会学长、室友以及朋友都给了他温暖和支持。与他的成长环境相比,麻省理工学院简直是天堂。

科迪以优异的成绩毕业后,继续留在学校读电气工程和计算机科学硕士,并获得了完美的GPA成绩。与此同时,他又收到了博士项目的录取和硅谷的聘请。

在立即赚钱和继续深造之间,科迪对自己的人生路做了一番认真的思考。2017年秋天,他将在斯坦福大学就读计算机科学博士。他申请信的第一句话是:"我的使命是利用自己在计算机科学和机械专业上的激情为社会做出贡献,同时,成为一个能够代表未来的成功榜样。"

虽然科迪·科尔曼没有明智型的家长陪伴他成长,但他有一个在恰当的时间恰当地鼓励了他的大哥,有一位智慧而善良的高中数学老师，以及一个由大学教授、导师和同学构成的"支持系统"，这些人共同向他展示了人生的可能性，并帮助他发掘了自己的潜力。

尚特尔老师认为，科迪的成功并非是她的功劳："事实上，科迪对我人生的影响比我对他的影响更大。他向我展示了没有什么是不可能的，没有什么目标是无法实现的。他是我见过的最善良的人。当他叫我'妈妈'时，我感到无比自豪。"

最近，当地一家电台采访了科迪。谈话快结束时，主持人问科迪，对那些和他当年一样面对困境的听众，他想说些什么。科迪说："保持乐观，抛开那些自我设限的消极想法，努力去尝试。"

科迪在节目结束时说："即便你不是一个家长，也可以改变他人的一生。如果你关心他们、了解他们，你也可以对他们有所影响。试着去了解其他人的生活，并帮助他们渡过难关。这是我亲身经历的事情，正是这些善良的好人改变了我的人生。"

第 11 章

坚毅的练习场：课外活动

我女儿露西 4 岁的时候，有一天，她坐在厨房的餐桌旁，挣扎着打开一小盒葡萄干。她饿了，想吃那些葡萄干，但盒盖顽固地拒绝了她的努力。大约一分钟后，她放下没打开的盒子，叹了口气，走开了。我从另一个房间看着她，倒抽一口冷气：哦，上帝呀，我的女儿被一盒葡萄干打败了！她长大后有多大的可能会具有坚毅的品质呢？

我冲过去，鼓励露西再试一次。我努力表现得既支持又有高要求，尽管如此，她还是拒绝了。

不久之后，我在附近找了一所芭蕾舞学校，给她报了名。

像很多父母一样，我有一种强烈的直觉，那就是让孩子参与一些活动，如芭蕾、钢琴、足球，或任何结构化的课外活动，以此来增强他们的坚毅力。这些活动有两个重要的特质，很难在其他情境下复制：首先，有一个并非父母的成人负责这些活动，最理想的情况是一个对孩子既支持又有高要求的人。第二，这些活动的目的是培养孩子的兴趣，让他们加以练习，找到目标和希望。芭蕾舞练习室、演奏大厅、训练学校、篮球场、橄榄球场等，这些地方都是坚毅的练习场。

———

关于课外活动的效果，其证据仍是不完整的。我还没有看到一个这样的研究：孩子们被随机分配去学一种运动或玩乐器、参加辩论赛、做一份兼职工作，或在校报工作。稍加思考，你就会明白为什么。没有一个家长愿意以扔硬币的形式，让自己的孩子做（或不做）某些事情。出于伦理的原因，也没有哪位科学家可以真正迫使孩子参与（或不参与）某项活动。

然而，作为一名家长以及一个社会科学家，我建议，一旦你的孩子足够大了，你就要帮他们找到一项他们喜欢的课外活动，给他们报名。事实上，如果我能挥动魔杖，我会让全世界所有的孩子至少参加一项自己喜欢的课外活动；对于高中生，我会建议他们在至少一个活动中坚持一年以上。

一天24小时，孩子的每一个小时是否都应该被大人规划好呢？绝非如此。但我确实认为，当孩子们每周至少花一部分时间做一些他们感兴趣并且比较难的事情时，他们会成长得更好。

就像前面所说的，对这样一个大胆的建议，支持性的证据仍是不够齐全的，但已做过的研究在我看来是非常有价值的。综合起来，你会得出一个令人信服的结论：一位优秀的芭蕾舞老师、足球教练或小提琴老师是能够帮助孩子培养坚毅的品格。

作为初期研究，研究人员给孩子们配备了传呼机，让他们整天都带在身上，及时汇报他们在做什么，以及他们在那一刻的感觉如何。当孩子们在学校上课时，他们会报告说感到挑战，但是很没动力。当他们跟朋友待在一起时，没什么挑战，但超级有趣。当孩子们进行体育或音乐活动，或为学校的演出排练时，他们会同时感到挑战性和趣味性。在孩子们的生活中，没有其他经历能更好地提供这种挑战和内在动机的组合了。

这项研究的基本结论是：学习是一件很具挑战性的事，但对许多孩子来说，它本身不是一件很有趣的事；发短信给朋友很有趣，但这并不困难，而芭蕾舞则兼具了挑战性和趣味性。

当下的体验是一回事，那么长期的好处又如何呢？

大量研究显示，更多参与课外活动的孩子在任何可度量的方面都获得了更好的结果：他们的学习成绩更好、有更高的自尊，也较少惹麻烦，等等。这些研究有些是纵向的，这意味着研究人员长期追踪，了解孩子们长大以后的情况。这些长期的研究都得出了同样的结论：更多地参与课外活动，孩子们会成长得更好。

同样的研究表明，课外活动过量的情况是非常罕见的。现在，美国青少年平均每天要花三个多小时的时间看电视和玩电子游戏，剩下的时间用来查看社交媒体的内容、给朋友发送小视频，并追踪卡戴珊以便决定自己穿什么，这让人很难相信他们没有足够的时间去参加象棋俱乐部或学校表演，或是参加任何注重技能、有成人指导的活动。

那么，课外活动与坚毅有什么关系呢？为什么他们应该从事需要几年而非几个月的活动呢？如果说坚毅是在某个目标上的长期坚持，而课外活动是一种培养坚毅品格的方式，那么推论就是：当孩子们参与某项课外活动的时间超过一年时，它将是特别有益的。

事实上，在我采访那些坚毅典范时，他们反复说，当他们年复一年不断提高自己时，学到的东西最多。

下面是一个例子：未来美国橄榄球联盟的明星球员史蒂夫·杨在高中的第三年，在学校球队落寞地待了一个学期之后，他参加了学校的木工工作坊，制作了一个木质的橄榄球，还将木质橄榄球挂在了学校体育馆的举重器上。然后，他抓住球，来回拉动，增加阻抗力，以此来锻炼自己的前臂和肩膀。第二年，他的传球距离翻了一番。

心理学家马古·加德纳所做的一项研究对长期参加课外活动的益处提供了更有说服力的证据。马古和她的合作者在哥伦比亚大学追踪了11 000名美国青少年，直至他们26岁才结束。这些孩子中，有在高中期间已经参加了两年的课外活动的，也有只参加了一年的，他们想看看参加课外活动时间的长短对这些孩子成年后的成就有什么影响。

这是他们的发现：参加课外活动超过一年的孩子，大学毕业率明显更高，在社区做青年志愿者的可能性也更大。孩子们每周在课外活动上所花的时间，也能预测他们长大后是否会找到一份工作、能否赚更多的钱。不过，只有那些参与课外活动达到两年以上的孩子，才会显示出这些效果。

———

沃伦·威灵汉姆是第一位研究长期坚持参加课外活动重要性的科学家。

1978年，威灵汉姆担任个人素质项目（Personal Qualities Project）的主任。即使在今天，这项研究仍然是在确定年轻人成功的决定性因素方面最权威的尝试。

该项目由教育测试服务中心（ETS，Educational Testing Service）资助。ETS位于新泽西州的普林斯顿市，占地广大，拥有1 000多名统计学家、心理学家和其他领域的科学家，致力于研发能够预测学生学业成绩和职场成就的测试。如果你已经考过SAT，那你就已经用过ETS的测试了。你若考过GRE（美国研究生入学考试）、托福、Praxis（美国教师资格考试），或其他四五十种高级测试中的一种,你用的都是ETS的服务。基本上,你可以将ETS视为标准化测试的头牌或权威。

那么,为什么ETS会对标准化考试之外的因素产生兴趣呢?

威灵汉姆和ETS的科学家比任何人都清楚,高中学习成绩和标准化测试成绩加在一起,对年轻人未来的成功也只能做出一半的预测。两个孩子有相同的学习成绩和测验分数,但在后来的生活中,他们的表现却明显不同,这是很常见的情况。威灵汉姆想知道:还有哪些个人素质对一个人的成功也很重要?

为了找到答案,威灵汉姆的团队工作人员对几千名学生,从高中的最后一年开始,做了5年的追踪研究。

他们将每个学生的大学申请材料、问卷调查、写作样本、访谈以及学校的成绩都收集起来。这些信息被转化为100多项不同的有关个人特征的数值评分,包括家庭背景,如父母的职业和社会经济地位,以及自我认定的职业兴趣、获得大学学位的动机、教育目标,以及其他项目。

然后,随着学生进入大学,研究人员在三个方面进行了有关成功的客观性测评:首先,这个学生在学业上出色吗?第二,他的领导力如何?最后,他在科技、艺术、体育、写作和演讲、创业或社区服务方面有何杰出成就?

从某种意义上来说,个人素质测评就好像跑马比赛。这项研究开始时的100多项测评结果,都可能会成为对受试者未来成功的强大预测因素。在获得最终数据之前的几年,很显然,从阅读第一份报告起，威灵汉姆就以完全客观冷静的态度研究过这个问题——他有条不紊地描述每一个变量被列入研究的理论依据，以及它们是如何被测量的，等等。

最终，当他获得了所有的数据后，威灵汉姆对自己得出的结论是毫不含糊和明确肯定的。有一匹马以明显的优势赢了，因为这匹马坚持到底（follow-through）。

这是威灵汉姆和他的团队就这个问题所做的说明："坚持到底的评分涉及一个人（高中时）在某项活动中有目的、坚持不懈的行动，而不是在不同领域里零星的努力。"

在坚持到底方面赢得最高分的是这样一些学生：他们在高中的几年间参加了两种不同的课外活动，并且在这些活动中，其能力也获得了显著的提高（例如，成为校报的编辑，成为排球队最有价值球员，或艺术作品获了奖）。威灵汉姆说，有一名学生"在校报工作了三年，然后成为主编；他还在田径队训练了三年，并且赢得了一项重要的比赛"。

相反，那些没有坚持参加任何一项活动的学生，在"坚持到底"上的评分最低。有些学生在高中期间没有参加过任何课外活动，只是随便地加入一个俱乐部或团队，但往往不到一年，他们就转到另一个项目上去了。

"坚持到底"的预测能力是惊人的：在去除高中成绩和SAT分数的影响后，高中期间在课外活动中的"坚持到底"评分能够准确预测哪些学生能以优异的成绩从大学毕业，它比任何其他变量的预测能力都要强。同样，坚持到底也是唯一一个能够准确预测谁能成为未来领导者的指标。而且，坚持到底评分还能够预测出年轻人在各领域中的突出成就，从艺术、写作，到创业和社区服务等，比其他 100 多种个人特质的预测能力都要强。

值得注意的是，学生们在高中时选择的具体项目，无论是网球、学生会工作还是辩论队，这些都不重要。关键是他们能否坚持下来，并且取得进步。

———

在我看到个人素质项目的报告时，我立刻从第一页读到了最后一页，然后又开始从第一页读起。

那天晚上，我辗转反侧，清醒地思考着："天哪！威灵汉姆所称的'坚持到底'，听起来很像坚毅啊！"

我想看看我是否能复制他的成果。我的其中一个动机是实用性。

和任何自我报告式的问卷一样，坚毅力测试是很容易造假的。在学术研究中，参与者没有说谎的动机，但在利益攸关的情况下，假装"无论我开始做什么，我都会把它做完"是能够给人带来好处的。而威灵汉姆所做的量化坚毅的测试策略就不容易有猫腻，至少受试者无法撒谎。用威灵汉姆自己的话来说："寻找在'坚持到底'方面取得了成果的那些明显的指标，是记录学生表现的一种有效的方式。"

不过，对我来说，更重要的目标是，看看"坚持到底"是否能和坚毅的标志性指标——"上阵而非逃跑"预测出相同的结果。

为此，我转向了美国最大的教育慈善机构：比尔与梅琳达·盖茨基金会。

我很快得知这个基金会特别感兴趣的是，为什么有如此多的大学生辍学。目前，美国的两年制和四年制大学生的辍学率是世界上最高的，原因是不断增加的学费、美国助学金援助上的复杂手续，以及学生在学术准备上的严重不足。然而，即便拥有相似的财务状况和相同的SAT分数，学生辍学的情况也大为不同。对于预测哪些大学生能坚持读完大学并获得学位而哪些大学生不能，这是社会科学中最棘手的问题之一，没有人能给出一个非常令人满意的答案。

在与比尔·盖茨和梅琳达的会晤中，我有机会亲自解释我的观点。我说，高中时就能在困难的事情上做到坚持不懈，似乎是一个人为未来人生所做的最好的准备。

在那次谈话中，我得知比尔·盖茨本人一直认为胜任力比天赋更重要。他说，当年，在他需要亲自为微软招聘软件程序员的时候，他会给申请人一个编程任务，他知道这项任务需要花很长时间来做烦琐的故障排除工作。这不是一个智商测试，也不是一个编程技巧的测试，这是对一个人是否有能力坚持不懈，直至达成目标的测试。比尔·盖茨只聘用那些能够将任务完成的人。

有了基金会的慷慨支持，我招募了1 200名美国高中四年级的学生。就像威灵汉姆所做的一样，我让学生们列出自己参加的课外活动

（如果有的话）、何时参与其中，在其中取得的成绩（如果有的话）。我们用坚毅格（Grit Grid）来称呼这项测评。

指导语：请列出你花了大量时间在课业之外所从事的活动。它们可以是任何一项活动，包括体育活动、志愿者活动、研究和学术活动、有偿工作，或兴趣爱好。如果你没有第二项或第三项活动，请将相应的栏目留白：

活动	参加时的年级 9–10–11–12	取得的成绩、奖项、领导职位等（如果有的话）
	□—□—□—□	
	□—□—□—□	
	□—□—□—□	

追随威灵汉姆的方法，我的研究团队通过量化学生们在最多两项活动中履行承诺和取得进步的情况，计算了坚毅格的分数。

具体而言，如果学生在某项活动上坚持了两年或两年以上，就能赢得一分；如果某项活动学生只做了一年，那么就没有得分，并且不会继续为其计算分数。在学生进行了多年的活动中，如果他们在其中取得了某种进步（例如，在第一年只是学生社团中的普通成员，而第二年担任了财政部长），那么在这项活动中，他可以赢得两分。最后，当学生的进步可以合理地被认为是"很大"而不是"中等"时（如当上学生组织的主席、篮球队的最具价值运动员、当月的最佳员工等），我们就给他们计三分。

总之，学生在坚毅格的得分从 0 分（如果他们参加了活动，但根本没有长期承诺）到 6 分（如果他们参加了两项不同的活动且长期坚持，并且在两项活动中都表现出很高的成就）。

正如预期的那样，我们发现坚毅格分数较高的学生，对坚毅的自我评价更高，老师对他们的评价也是如此。

参与调查的学生在高中毕业后前往美国各地的几十所大学上学。两年后，在我们所研究的 1 200 名学生中，只有 34% 的学生仍然在两年制或四年制的大学就读。正如我们所预料的那样，学生留在学校的概率在很大程度上取决于他们坚毅格的分数：在坚毅格中得了满分 6 分的学生中，有 69% 仍然在大学就读。相比之下，在坚毅格得分为零的学生中，只有 16% 的人仍在坚持上大学。

在另一项研究中，我们采用相同的坚毅格评分系统对新上任的教师的表现与其在大学课外活动中的关系进行了研究，结果惊人地相似。那些大学期间在几项课外活动中表现出"坚持不懈"的人成为教师后，在帮助学生取得学业进步方面更加有成效。相反，在教学中的坚持不懈和有效性，与高中毕业时的 SAT 成绩、大学期间的 GPA 成绩，或者在面试时获得的领导潜力评分完全没有关系。

———

综合起来，对我迄今为止已经提出的证据，可以用两种不同的方式做出解释。我一直认为，课外活动是年轻人练习的一种方式，能为长期目标培养激情和毅力。但也有可能是：只有具备了坚毅力的人，才会在课外活动中坚持不懈。这两种解释并不是相互排斥的，这两个因素（培养和选择）有可能都在发挥作用。

我猜测，在我们成长的过程中，将自己的承诺坚持到底，不仅需要坚毅的品质，也能够进一步提升我们的坚毅力。

我认为其中一个原因是，在一般情况下，那些吸引人的情境会强化人们自身所具备的特性，而正是这种特性让我们最初被那种情境所吸引。这种人格发展理论被布伦特·罗伯茨称为"呼应原理"（Correspensive Principle）。在不同的情况下，人们的想法、感觉和行为何以出现持续的变化，罗伯茨是相关研究领域最前沿的权威。

当布伦特·罗伯茨在伯克利大学读心理学研究生时，当时流行的观点是，在童年之后，一个人的性格就或多或少地像"石膏"一样固定了。为了研究这个问题，布伦特和其他研究人员在长达几十年的时间里，直接追踪调查了数千人。结果表明，人的性格在儿童时代之后，依然在改变。

布伦特发现，人格发展的一个关键过程涉及环境和人格特质的相互"呼应"。呼应原理表明，某些人格特质会引导我们进入某种生活的境况，而同样的特质会在这种境况中被鼓励、强化和放大。在这种关系中，有良性循环和恶性循环两种可能性。

例如，在一项研究中，布伦特和他的同事们追踪了1 000名新西兰的青少年，在他们进入成年、寻找工作期间对他们进行持续研究。数年后，布伦将和他的同事们发现，在青少年时期存有敌对态度的人，成年后从事的大多是较低阶的工作，他们的生活较为困难；这些境况反过来又导致了他们敌意程度的增加，进一步削弱了他们的就业前景。相比之下，那些乐观向上的青少年会进入一个良性的心理发展周期。这些"好孩子"在进入社会后，大多获得了社会地位较高的工作，并且收入更高，这些结果进一步增强了他们的亲社会倾向。

到目前为止，还没有一项关于坚毅的呼应原理的研究。

不妨让我推测一下。如果一个小女孩，费了半天劲，没有打开一盒葡萄干，于是她对自己说："这太难了！我不干了！"那么她可能会进入一个恶性循环，强化放弃的倾向。她可能会放弃一件又一件事，每一次都错过进入良性循环的机会。

但是，如果这个小女孩的母亲带她去学芭蕾舞（尽管比较难），又会怎么样？虽然小女孩有时真的感到累了，她的芭蕾舞老师有时会批评她，但如果那个小女孩被温和地鼓励和推动着去反复尝试，而且在某一次练习中，她体验到了进步带来的满足感，那么小女孩会去参与其他困难的活动吗？她能学会迎接挑战吗？

―――――――

在沃伦·威灵汉姆发表个人素质项目研究报告后的一年，比尔·菲茨西蒙斯成了哈佛大学招生办公室的主任。

两年后，当我申请哈佛大学时，比尔审核了我的申请书。我之所以知道这一点，是因为在大学时，我参加了一个社区服务项目，比尔也在其中。当我们被相互介绍时，比尔惊呼说："哦，活力小姐！"然后他非常精确地简述出我在高中时期所参与的各种活动。

最近我给比尔打电话，问他对学生在课外活动中坚持不懈这件事有何看法。果不其然，比尔对威灵汉姆的研究非常了解。

"我这儿有些东西。"他说，似乎巡视着他的书架，"应该放得不远。"

那么，比尔同意威灵汉姆的结论吗？哈佛大学在招生时真的会关心SAT分数和高中成绩之外的因素吗？

威灵汉姆在发表他的研究时认为，大学招生办公室没有将学生在课外活动中是否坚持不懈作为录取的一个重要考量，而他的研究显示应该这样做。

比尔·菲茨西蒙斯解释说，每年都有几百名学生以优异的成绩考入哈佛大学。他们早期的学业成就显示，他们有可能在未来成为世界一流的学者。

但哈佛大学也录取了至少同样多的另一类学生，用比尔的话来说，他们"致力追求自己热爱、相信和看重的事物，并且已经以突出的干劲、自律和平凡的努力在进取"。

哈佛大学的学生在进入大学后是否还会从事同样的课外活动，这对招生办公室的人来说并不重要也并非必要。比尔说："以体育运动为例。比如说，一个学生在运动中受了伤，或决定不再参加那项运动，或没有入选校队。我们发现的倾向是，该学生在体育运动中所培养出的坚毅的品格，几乎总是能迁移到其他事情上。"

事实上，哈佛大学对坚持不懈这一品质极其关注。比尔告诉我，他们也使用了一种类似的评定量表："招生人员考察学生的方法跟你的坚毅格非常相似。"

这也是当年比尔在看到我的申请材料一年多后，还会清楚地记得我在高中期间参与了哪些课外活动的原因。正是通过我的课外活动以及我的学习成绩，他看到了证据，表明我已经为充满挑战的大学生活做好了准备。

比尔说："从事招生工作40多年，我认为大多数人都有与生俱来的巨大潜力。真正的问题是，他们是否被鼓励最大限度地努力行动，以及发掘内在的坚毅品格。勤奋且坚毅的人，才是最终成功的人。"

我指出，在课外活动中坚持不懈有可能只是具备坚毅品格的一个信号，而不是在课外活动中发展出来的品质。比尔同意这种可能性，但重申了他的判断：在课外活动中坚持不懈不只是一个信号。他认为，克服困难，坚持到底，这会让年轻人学到一个重要的经验，并且运用到很多领域。"向别人学习，从经验中学习是你生活中最重要和优先的事，你逐渐发展了自己的品格。"

"在某些情况下，"比尔继续说，"学生参与课外活动是因为家长或老师建议他们参加，但他们在这些活动中学到了一些非常重要的东西，产生了巨大的变化，于是自觉地投入进去，并且在这些活动中做出贡献。他们后来投入和做贡献的方式，是他们自己以及父母和老师之前从未想过的。"

在与比尔的谈话中，最让我吃惊的是，比尔非常担心一些孩子因没有机会而无法在课外活动中磨炼坚毅的品格。

比尔告诉我："越来越多的美国高中已经减少或取消了艺术和音乐等方面的活动。"当然，主要是那些弱势家庭孩子就读的学校削减了这方面的开支。

由哈佛大学政治学家罗伯特·普特南及其合作者所做的研究显示，在过去的几十年间，来自美国富裕家庭的高中生所参加的课外活动始终居于高水平。相反，来自贫困家庭的学生所参与的课外活动数量已急剧下降。

普特南解释说，富裕家庭和贫困家庭的孩子之间参与课外活动的差距有几个因素，在那些需要付费参与的体育运动中（比如外出旅行的足球队），穷人家的孩子就无法参加，这是平等参与方面的一个障碍。但即使是免费的活动，也不是所有的家长都能负担得起运动制服，并不是所有的父母都能够或者愿意开车接送他们的孩子参与练习和比赛。对于音乐活动，私人课程和乐器的成本会将一些家庭挡在门外。

正如普特南所预测的，家庭收入和坚毅格得分之间有相关性，这是令人担忧的。我们的研究样本显示，平均而言，在高中高年级的学生中，符合美国联邦资助餐标准的低收入家庭的学生，其坚毅格得分比那些来自富裕家庭的学生低了整整一分。

杰弗里·加拿大也是一位毕业于哈佛大学的社会科学家。

杰弗里是一个特别坚毅的人。他的激情在于帮助那些在贫困中长大的孩子实现自己的潜力。最近，杰弗里已经成为一个名人了，但在过去的几十年里，他默默无闻地辛勤工作，在纽约市一个旨在从根本上强化教育的项目中担任主任，这个项目叫"哈莱姆儿童区"（Harlem Children's Zone）。从这个项目中一路成长起来的第一批孩子，现在正在读大学。该计划以其不同寻常的方法以及成功的经验，引起了媒体的关注。

几年前，杰弗里来到宾夕法尼亚大学为给毕业生发表演讲。我设法在他繁忙的日程中安排了一个私下的会面。考虑到有限的时间，我直奔要点。

"我知道你的学术背景是社会科学。"我说，"我想知道，对于改变来自贫困家庭的孩子们的方法，你真正的想法是什么？"

杰弗里前倾着身体坐着，双手合十，仿佛在祈祷一样："我会直截了当地告诉你。我是4个孩子的父亲，我还看到许多其他孩子长大的过程。我没有相关研究来证明我的想法，但我可以告诉你，贫困家庭的孩子需要什么——他们需要你和我给予对自己孩子所给予的一切，他们所需要的是一个美好的童年。"

大约一年后，杰弗里做了TED演讲，我很幸运地成为在场的观众之一。杰弗里解释说，哈莱姆儿童区所做的很多事都基于坚实的科学证据,比如学前教育,以及暑期辅导等,但他们提供的另一项活动——课外活动,却没有足够的科学证据来支持其开支。

"你知道为什么我们还是会提供课外活动吗?"他问。"因为我真的很喜欢孩子们。"

观众们笑了,他又说了一遍:"我真的很喜欢孩子们。"

"你从来没见麻省理工学院有研究说,跳舞能帮助孩子们更好地做代数,但你还是会让孩子们学跳舞。当孩子们想学跳舞的时候,你会非常高兴,跳舞会让你一整天都很快乐。"

———

杰弗里·加拿大是对的。我在这一章中谈及的所有的研究都是非实验性的。我不知道是否会有那么一天,科学家能找出逻辑和伦理,允许他们随机分配一些孩子去芭蕾舞班学习数年,然后等着看看舞蹈的效果能否迁移到代数方面。

事实上,科学家们已经做了一些短期的实验,测试做一些困难的事能否帮助一个人做其他困难的事情。

休斯敦大学的心理学家罗伯特·艾因伯格是这个方面的权威。他进行了几十项研究,在这些研究中,老鼠被随机分配做一些困难的事情,如按一个杠杆20次就可以得到一团食物;另外一些老鼠则被随机分配做简单的任务,如按下该杆两次就可以得到同样的奖励。随后,罗伯特给所有老鼠重新分配了一项困难的任务。多次实验后,他发现了相同的结果:相比于处在"容易的条件下"的老鼠，那些需要努力工作才能获得奖励的老鼠在第二项困难的任务中，表现出了更多的活力和忍耐力。

罗伯特注意到，实验鼠一般都以一两种方式喂食。一些研究人员使用料斗装满食物，料斗上面盖着铁丝网，老鼠必须通过铁丝网中的小开口才能咬到食物。而另一些研究人员则直接在老鼠笼子的地板上撒食物。罗伯特发现，在用不同的方法喂养老鼠一个月之后，那些通过料斗获取食物的老鼠，比随时都可以吃到散落在笼子里食物的老鼠，在挑战任务上的表现更好。

罗伯特的妻子是一位老师，他有机会将相同的实验设计为一个短期的版本，在孩子中进行尝试。例如，在一项研究中，他让二年级和三年级的学生做计算、记忆图片，并做形状匹配。对于其中的一些孩子，当他们取得进步时，罗伯特便迅速增加任务的难度；而对另外一些孩子，他则反复给他们相同的简单任务。

而且，所有的孩子都得到了硬币和表扬。

之后，所有孩子被要求做同一种烦琐的工作，这是完全不同于以前的一项任务：将一系列单词抄写在一张纸上。之后，罗伯特得出的结果与老鼠实验的结论完全一样：那些先前被训练做困难（而不是简单）任务的孩子，在抄写单词的任务中更加努力。

罗伯特的结论是：通过练习，勤奋（也叫工作伦理）是可以被培养出来的。

塞利格曼和迈尔在早期关于"习得性无助"的研究中发现，无法逃脱惩罚会导致动物在随后具有挑战性的任务中放弃努力。为了表达对他们前期工作的敬意，罗伯特将自己发现的这一现象称为"习得性勤奋"。他的主要结论是：努力工作和获得报偿之间的联系是可以学习的。罗伯特进一步说，没有直接体验到付出与回报之间的联系，无论是老鼠还是人类，都难免懒惰。毕竟，进化对我们的塑造是：那些需要我们燃烧卡路里的事情，能免则免。

当我的女儿露西还是一个小婴儿，她的姐姐阿曼达还在蹒跚学步时，我第一次读到了罗伯特关于习得性勤奋的研究。作为两个女孩的妈妈，我很快就发现我不适合扮演罗伯特在其实验中所扮演的角色。我很难创造出一个习得性勤奋所必要的学习条件，也就是说，我无法营造一个这样的环境，其规则是：如果你努力工作，你会得到回报；如果你不努力，你就得不到任何回报。

事实上，我一直在努力提供这种类型的反馈，我知道我的孩子们需要它。但我发现自己总是在热情地赞美她们，不管她们做了什么，这也是为什么课外活动能够为坚毅提供绝好机会的原因之一。教练和老师的任务就是帮助孩子培养坚毅力。

我每周都送女儿们去芭蕾舞班，班上有一个很好的老师在等着她们。这位老师对芭蕾舞的热情是很有感染力的，她对孩子们的支持和我完全一样，坦率地说，她对孩子们的要求更加严格。如果有一个学生上课迟到，这位老师就会给这个学生上一堂严肃的关于守时的人生课。如果一个学生忘了穿紧身衣，或把芭蕾舞鞋忘在了家里，那么老师就会让这个学生整堂课都坐在那里看着其他孩子练习。如果有人做错了一个动作，就得反复练习，直到做对为止。有时，这位老师还会简短地介绍芭蕾舞的历史，说明每个舞者都肩负着继续这一传统的责任。

苛刻？我不这样认为。高标准？那是绝对的。

因此，露西和阿曼达在芭蕾舞班上比在家里得到了更多的训练，她们培养着自己的兴趣、勤奋练习她们还不会做的动作，为达到超越自我的目标而努力。并且，在取得突破时，拥有希望，不断尝试。

———————

我们家有一个"难事准则"，它有三个部分。首先，每个人（包括父母），都要做一件有难度的事情。所谓有难度的事情，就是需要每天都刻意练习的事情。我告诉孩子们，心理学研究是对我而言有难度的事，同时我也在练习瑜伽。我丈夫作为一个房地产开发商，正试图做得越来越好；他还在跑步方面不懈努力着。我的大女儿阿曼达选择了弹钢琴作为有难度的事。她跳了几年芭蕾舞，但后来退出了。露西也是如此。

"难事准则"的第二部分是：你可以退出，但你不能放弃——直到本赛季结束、学费上涨，或其他一些"自然"停止点的到来，在你承诺的时间段内，你必须完成自己开始做的那件事。换句话说，你不能在老师批评你的那一天退出，或者在你输掉比赛的那一天退出，或者因为要在同学家聚会过夜而放弃次日早晨的独奏会。你不能因为某一天很糟糕就不干了。

"难事准则"的最后一部分是：由你自己选择对你来说有难度的事。没有人会为你选择，因为做一件你根本就不感兴趣的事是没有意义的。我们是在对其他课外活动做了讨论之后，女儿们自己选择了芭蕾舞。

事实上，露西做过五六件有难度的事。每一件事她都满怀热情地开始，但她最终发现自己不想继续学芭蕾舞、体操、田径、手工及钢琴。最后，她开始学习中提琴。她已经练了三年，这期间她的兴趣一直在增强，还加入了学校和本市的管弦乐队。

2017年，阿曼达就要上高中了，露西一年以后也要上高中了。到了高中，"难事准则"的规则会有所改变，我们会加上第4个要求：她们必须承诺至少参加一项活动，无论是新的活动，还是她们已经参加过的活动，都要坚持至少两年。

随着孩子们的长大，她们的坚毅力也会随之增强，而且，她们知道，和任何技能一样坚毅是需要练习的。她们也知道，有机会磨炼自己坚毅力的人，是很幸运的。

对那些想要鼓励孩子们发展坚毅的品格，又不想扼杀孩子自我选择能力的家长，我推荐"难事准则"。

第 12 章

创造坚毅的文化

迄今为止,我第一次从头到尾看完的橄榄球比赛是2014年2月2日的第48届超级碗,在那场比赛中,西雅图海鹰队以43∶8的得分战胜了丹佛野马队。

赢得比赛的第二天,海鹰队的主教练皮特·卡罗尔接受了前旧金山淘金者队成员的采访。

采访者首先引出话题:"当我还在淘金者队的时候,您也在那儿……成为淘金者队的一员,不仅意味着做一名橄榄球运动员,还意味着一种殊荣。能说说您和约翰·施奈德在挑选队员的时候秉承的是何种哲学吗?要具备什么样的资质才能成为海鹰队队员?"

皮特一时语塞:"我可不会全都告诉你,不过……"

"得了,跟我说说呗,皮特。"

"我们要找的是真正的竞技者,这是他首先要具备的一点。我们要的是那些真正坚毅的人——他们总是向往成功，他们要证明自己。他们有韧性，不会因为一点儿挫折就退缩，他们是不会被挑战、困难绊住的……就是这种人生态度，我们把它叫作坚毅。"

无论是皮特的回答，还是他的队伍前一天在赛场上的精彩表现，都不会令我吃惊。

为什么呢？因为9个月之前，我曾接到皮特的一个电话。显然，他看了我在关于坚毅的TED演讲。促使他拿起电话的，是充斥在他头脑中的两种情绪。

首先是好奇。关于坚毅，在TED仅限6分钟的演讲中我无法提及太多，而他迫切地希望了解更多的相关知识。

其次是他被刺激到了。我在TED演讲结尾说的话刺激了他。在演讲中我坦承，对于如何培养坚毅的品格，目前科学研究还没有提供多少方法。皮特后来告诉我，当他听到我这么说的时候，差点儿没跳起来朝着屏幕上的我大喊，因为培育坚毅的品格正是海鹰队的文化。

结果，我们在电话中聊了大概一个小时：我在费城，而皮特和他的工作人员在西雅图跟我谈话。我向他们介绍我在研究中获得的知识，而作为回应，皮特则告诉我海鹰队的经验。

"来看看我们吧，我们所做的，就是帮助运动员成为伟大的竞技者。我们教他们如何坚韧不拔，如何释放内在的激情。这就是我们所做的。"

第12章 创造坚毅的文化

无论我们是否意识到，我们生活在其中并认可的文化，强有力地塑造着我们的性格。

我所说的"文化"，不是指把人与人分隔开来的地理或者政治边界，也不是指将"我们"与"他们"区分开来的看不见的心理界限。文化，在其核心的意义上，是指被一群人所共享的规范和价值观。换言之，每当一群人对其做事的方式和原因达成共识时，一种独特的文化就诞生了。世界上其他的群体与这群人的反差越鲜明，就越会让这些在"内群体"的人形成坚固的联结。

所以，西雅图海鹰队和KIPP特许学校，以及大而言之的任何国家，就都有了自己真实鲜明的文化。如果你是海鹰队的一员，那么你就不仅仅是一名美式橄榄球运动员；如果你是KIPP的学生，你也不仅仅是一名学生。海鹰队队员和KIPP学生都以特定的方式来做事，而且有特定的原因。同样，西点军校也是一个有特定文化的地方，这种文化已经有两个多世纪的历史了，而且仍在不断地演进着。

对于很多人而言，公司的企业文化就是一种重要的文化。举个例子，在我成长的过程中，我父亲就将自己称为"杜邦人"。我们家所有的铅笔都是父亲所在公司发的，上面刻着"安全第一"等警示语。每当电视中播放杜邦公司的广告时，父亲都会神情愉悦，有时甚至会跟着电视一起说广告语："优质产品献给优质生活"。我想父亲只见过杜邦公司的总裁几次，但每当他谈起总裁的决策时，就像是在说家族里的一位战争英雄一样。

那么，怎样才能知道自己是否属于一种文化，而且这种文化已经真切地成为你个人的一部分了呢？当你接纳一种文化时，你会对"内群体"产生绝对的忠诚感，你不会说我"算是"一个海鹰队队员或者我"算是"西点军校的学员——你要么是，要么不是；你要么是这个群体里面的，要么就是群体外面的。你的忠诚度在很大程度上取决于你所归属的群体。

关于文化与坚毅，基本要点是：如果你想成为一个更加坚毅的人，请加入具有坚毅文化的团队。如果你是一位领导者，想让组织成员具有坚毅力，那么请你创造一种坚毅的文化吧。

———

最近我与社会学家丹·查布里斯通了电话，他就是第3章中提到的社会学家，他花了6年时间研究游泳运动员。

我问丹，在他里程碑式的研究发表了30多年后，对自己当时的观点是否有改变。

比如，他是否依然认为，用天赋来解释达成世界级成就的原因基本上是胡说八道？他是否同意，从地区俱乐部球队到州级、国家级，直至奥林匹克水平的比赛，运动员竞争力的不断增加更需要技术上质的提高，而不仅仅是花更多的时间泡在泳池里？那些令人难以置信的卓越成就，真的只是无数次完美的执行，却又平凡可行的行动的积累吗？

对这三个问题，丹给了我三个肯定的回答。

"但是，我忘记了一件最重要的事——要成为一个伟大的游泳运动员，真正的秘诀是加入一个强大的团队。"丹这样说道。

这听上去可能很奇怪。首先，这个人应该是个优秀的游泳运动员，然后他才能加入一个精英的队伍。这当然不错，优秀的队伍可不是什么样的人都接纳的，它们有选拔制、有名额限定、有相应的标准，并且精英队伍中的人都有强烈的意愿来让自己队伍的标准保持在高水平上。

不过，丹的意思是，一个团队独特的文化会与其成员产生交互影响。根据他对游泳运动多年的研究来看，强大团队与杰出个人之间的因果影响是双向的。事实上，他已经见证了人格发展的呼应原则：某种特质会让人选择特定的环境，而这种环境反过来也会强化这个人的特质。

"当我开始研究奥运会运动员的时候，我想，什么样的怪人愿意每天早上4点钟起床去游泳池训练呢？我觉得，一定是一群非常特别的人才能坚持做这样的事情吧。但事实上，当你进入一个人人都在4点钟起床去训练的环境中时，你也会这么做，这并不是什么大不了的事情，它会成为你的习惯。"

丹不断看到有新的队员加入一个好的游泳队，他们的表现会比进入该队之前好一两个档次。很快，新成员就适应了团队的规范和标准。

"就拿我自己来说吧。"丹补充道,"我并不是一个多么自律的人,但是如果我周围是一群天天写文章、开讲座的工作狂,那么我也会融入他们。如果我周围有一群人在以同样的方式做事,我也会跟风的。"

想要跟大家一样,并且尽快融入团队的动机是一种很强的驱动力。一些著名的心理学实验也佐证了个体能够快速地、通常是无意识地融入一个以不同方式行动和思考的团队中。

丹总结道:"在我看来,获得坚毅的品格有难和易两条路。难的路是只靠你自己,而容易的路则是运用从众的力量——人类有想跟别人一样的基本驱动力,如果你周围都是坚毅力较强的人,那么你也会变得更坚毅。"

从长期来看,文化有塑造自我的力量。假以时日,在适当的环境下,我们所属的团队的准则和价值观会成为我们自己的准则和价值观,因为我们内化了它们。"我们"行事的方式和原因最终会变成"我"个人行事的方式和原因。

自我会影响到人格的各个方面,对坚毅力的影响尤其大。通常,我们所做的体现坚毅的关键性决定(比如再尝试一次;撑过这段悲惨的、令人精疲力竭的日子;跟大家再跑五英里,虽然自己平时只能跑 3 英里)更能显现出我们的自我。我们的激情和毅力往往并非来自关于付出与回报的冷静盘算;相反,我们的力量源自知道自己会成为一个什么样的人。

詹姆斯·玛什是斯坦福大学的决策研究专家,他认为,我们在做决定的时候是会考虑付出与收益的问题的。当然,玛什并不是说,我们在决定午餐吃什么或者几点去睡觉时,还要拿出一叠纸或计算器。他指的是,有时我们在决策时会考虑我们将获得什么收益,要付出什么成本,以及这些成本和收益变成我们预期结果的可能性。我们可以在大脑中盘算整个过程,并且就算是决定晚饭点什么餐,以及何时该睡觉时,我们也确实会考虑利弊,然后再做出决定,这一点是非常符合逻辑的。

但玛什说,有时我们压根儿不会去考虑自己行为的后果。我们不会问自己:"这么做有什么好处?会让我付出什么代价?有什么风险?"相反,我们会问自己:"我是谁?这是什么情况?像我这样的人在这种情况下会怎么做?"

举一个例子。

汤姆·德尔林在向我做自我介绍时说:"我是西点人、空降兵,曾在两家公司任总裁。我创建并运营了一个非营利组织。我并不特别也不优秀,我唯一的优点就是坚毅。"

2006年夏,在巴格达的一次任务中,汤姆被狙击手射中,子弹粉碎了他的骨盆和骶骨。当时,没有人知道他的骨头怎样才能拼接在一起,也不知道汤姆今后的身体功能如何。医生说他可能再也无法行走了。

"你并不了解我。"汤姆的回答很简洁。之后,他给自己许下一个承诺,要再次去跑军队 10 英里马拉松,那是他在受伤之前一直在做的训练。

7 个月之后,他终于能下床并开始接受康复治疗了。汤姆顽强地忍痛进行训练,他不仅完成了所有既定的训练,还做了更多的额外训练。有时候,他会疼得龇牙咧嘴或喊出声。"其他病人一开始都被我吓了一跳。"汤姆说,"但是他们很快就习惯了,然后他们在训练的时候,还会开玩笑似地学我发出喊声。"

在高强度的训练后,尖锐的刺痛会让汤姆的双腿动弹不得。"那种刺痛只有一两秒。"汤姆说," 但是一天中我的双腿会时不时地疼几次,就是那种能让你跳起来的剧痛。"每天,汤姆都会给自己设定一个目标,而且他总能达到这个目标。几个月之后,疼痛与汗水获得了收获——他从依仗着助行架行走,到用手杖走,最终可以自己走了。他走得越来越快、越来越远,直到他能抓着扶手在跑步机上跑上几秒,然后是一分钟。时间逐渐延长,直到 4 个月后他进入了停滞期。

"我的康复治疗师说:'你已经完成康复训练了,你真棒!'我说:'我还会再来的。'她说:'你已经完成需要做的训练了,而且你做得非常好。'我说:'不,不,我还要接着来。'"

在看不到明显进步的情况下,汤姆又训练了整整 8 个月。按规定,康复治疗师已经不能再为他治疗了,但汤姆还是会回来,自己用器材训练。

那额外几个月的努力获得了什么好处吗?汤姆并不肯定额外付

出的锻炼能起作用。但他知道，他可以为第二年夏天的军队 10 英里马拉松做训练了。在负伤之前，他的目标是每英里 7 分钟，70 分钟跑完全程。但受伤后，他改变了自己的目标，将标准降为每英里 12 分钟，全程两个小时。那么，最终他用了多长时间呢？1 小时 56 分钟。

在跑完军队 10 英里马拉松后，汤姆还参加了两项铁人三项全能比赛。汤姆不认为他是基于对付出和收益的考量而决定参赛的，他说："我只是不想因为不在乎或者不尝试而失败，我不是那样的人。"

的确，对激情和毅力的成本收益计算未必总是划算，至少在短期内是这样。通常，选择放弃并转移方向似乎才是更"明智"的，坚毅的效益可能要等几年甚至更长的时间之后才会看到，这也是文化和个人性格对坚毅品格的形成至关重要的原因。

———————

芬兰只有 500 多万人口，全世界所有的芬兰人加起来还没有纽约市的人口多。这个面积不大、寒冷的北欧国家，在深冬时每天只有 6 个小时的日照。历史上，它曾被强大的邻国数次入侵。气候和历史因素是否会影响到芬兰人对自己的看法，这是一个很好的问题。无论怎样，芬兰人将自己视作世界上最坚毅的民族，这一点是不可否认的。

在芬兰语中，最接近坚毅的词就是"sisu"。用"坚毅"来翻译 sisu 并不精准，坚毅是指有着达成特定高层目标的激情以及坚持不懈的毅力；而sisu指的只是毅力，是一种内在力量、一种心理资源。芬兰人认为这是他们与生俱来的，是民族的传承。在字面上，sisu指的是一个人内在的胆魄。

1939年，芬兰在与苏联的冬季战争中处于下风，苏联的兵力是芬兰的3倍，战机数量是芬兰的30倍，还有成百倍的坦克。但芬兰的将士们仍死守阵地长达几个月的时间，比苏联人的预期长得多。1940年，《时代周刊》发表了一篇关于sisu的专稿：

> 芬兰人有引以为傲的sisu精神，结合了冒险和勇敢，凶猛和韧性，以及在放弃时仍坚持战斗的能力，还有带着胜利意志的战斗精神。芬兰人把sisu翻译为"芬兰精神"，但这个词所承载的含义实际上要更勇猛一些。

同年，《纽约时报》发表了一篇文章，题为"Sisu：一个代表芬兰的词汇"。一位芬兰人向记者这样描述他的同胞："一个典型的芬兰人有股子倔劲儿，他相信，只要证明他可以承受更糟的情况，就能将厄运变好。"

当我为大学生们解释坚毅时，我通常会简单介绍一下sisu。我反问学生：我们能否象海鹰队的教练皮特·卡罗认为的那样，打造一种推崇和支持sisu精神和坚毅的文化？

几年前，在我讲sisu的时候，一个名为艾米莉亚·拉提的芬兰女子刚好坐在观众席里。演讲过后，她急忙跑过来跟我打招呼，说我作为一个局外人对sisu的看法是正确的。我们都认为有必要针对

sisu进行一次系统的调查，如芬兰人如何看待它，以及它是如何传播的。

第二年，艾米莉亚成了我的研究生，她的硕士论文也以此为题。她走访了上千个芬兰人，调查他们关于sisu的想法，发现受访者大多数都对sisu的发展报以成长心态。当她问及"你相信sisu可以经由刻意努力而学到或被培养出来吗"这个问题时，83%的人都说："是的。"其中一位受访者说："在芬兰童子军协会的活动中，13岁的孩子可以带领10岁的孩子在森林里独立生存，这看起来与sisu很相关。"

作为一个科学工作者，我并不认为芬兰人或其他任何民族内在蕴藏着某些能量，待到关键的时刻就会被释放，但是，我们依然能从sisu中学到两个重要的功课。

首先，认为自己是可以克服极端困境这样的想法往往会导致证实这一自我概念的行为。如果你是一个具有"sisu精神"的芬兰人，那无论如何你都会起而再战。同样地，如果你是西雅图海鹰队的一员，那么你就是一个竞争者。你具备能够成功的素质，任何困难都不会让你退缩，你就是坚毅的体现。

其次，即使所谓"内在能量"的说法是不可取的，但这种比喻仍是贴切的。有时候，我们觉得自己已经耗尽心力了，但在那些黑暗和绝望的时刻，我们发现，只要持续地迈出一步又一步，就有办法取得看似不可能的成果。

───────

sisu 的思想已经在芬兰的文化中存在几百年了，但是文化可以在更短的时间内形成。在我试图理解坚毅形成的原因时，我遇到了几位特别坚毅的企业领导者，在我看来，是他们成功地推进了本机构坚毅的文化。

比如摩根大通的总裁杰米·戴蒙。在该机构超过 25 万名的员工之中，他不是唯一一个说"我身为摩根人流淌着摩根的血"的人。银行中其他低级职员也说过类似的话："我每天为客户所做的事情都是重要的。这里没有一个人是微不足道的。每一个细节，每一个员工都很重要……我很自豪自己是这家伟大公司中的一员。"

摩根大通是全美规模最大的银行，杰米担任总裁已十多年了。在 2008 年的金融危机中，杰米带领银行披荆斩棘走向安全地带，在其他银行彻底倒闭的大环境下，摩根大通居然赢利 50 亿美金。

巧合的是，杰米的母校布朗宁学校的格言是"grytte"，也就是古英语中"坚毅"的意思，这个词在 1897 年的年鉴中被定义为："坚定，勇气，决心……这也是使所有事业能走向成功的皇冠。"杰米在布朗宁学校的最后一年时，微积分老师的心脏病发作，而代课老师又不会微积分。在这种情况下，有一半的学生选择了退课，而另一半学生（包括杰米在内）决定坚持下去，在另一个教室里自学了整个学年。

"你得学会克服人生路上的困难和挫折。"当我问他是如何建立起摩根大通的文化时,他如此作答。"失败是一定会发生的,你如何面对失败是决定成功的关键。你需要绝对的决心,要能够负担得起责任。你将其称作'坚毅',我管它叫'刚毅'。"

刚毅之于杰米·戴蒙就如同sisu之于芬兰。杰米在33岁时被花旗银行解雇,之后,他花了一整年的时间去思考这一事件给他带来的经验教训,那次失败使他成为更好的领导者。他深信刚毅这一品格的价值,因此以刚毅作为整个摩根大通企业文化的核心。"最主要的是,随着时间推移,我们都需要成长。"

我问他,一位领导人真的有可能影响一个巨型企业的文化吗?答案是肯定的。事实上,摩根大通的文化被大家亲切地称为"杰米教"。

杰米说:"这需要与员工进行不懈的沟通,关键是你说什么,以及怎样说。"

这可能还跟你表达的频次相关。从各个角度来看,杰米都是个孜孜不倦的传道者,他会出现在被他称之为"城市之约"的各类会议上,与公司的员工见面。一次,他被问道:"在你的领导团队中,你最看中什么样的素质?"他的回答是:"能力、品格,以及待人之道。"之后,他跟我说,关于高管,他会问自己两个问题:"我不在的时候,能让他们运作公司吗?"以及"我会让我的孩子们为这样的人工作吗?"

杰米非常喜欢美国前总统罗斯福的一段话:

荣誉不属于批评者，不属于指点强者的失误，或指点实干家哪里该做的更好的人。荣誉属于真正站在竞技场人——脸上满是灰尘和血汗，勇敢奋斗的人。他会犯错，一次又一次地失败，因为没有努力是未经过错误和失败的；他知道要胸怀激情、全力投入，献身有意义的事业。他知悉也明白最差的结果，但至少是失败在勇敢的尝试中，所以他永远不会与那些冷漠怯懦、不懂胜负的灵魂为伍。

杰米将罗斯福的诗文改写到摩根大通公司的员工手册中，题为"我们的工作之道"，内容包括："凡事要有坚强的斗志"、"展现决心，韧性和坚韧"、"别让一时的挫折成为永久的借口"，以及"将错误与问题视为进步的机会，而不是放弃的理由"。

安森·道兰斯的挑战是培养一小群人的坚毅力，确切地说是北卡罗来纳大学教堂山分校的31名女子足球队员。安森是美国女子足球史上最优秀的教练，他在31年的执教生涯中获得过22次美国全国冠军。1991年，他带领美国女足国家队首次在世界比赛中夺冠。

安森年轻时曾是北卡罗来纳大学男子足球队的队长。他并没有特别的天赋，但是，他在练习和比赛中总是奋力进取，他赢得了队友的尊重，被冠以"硬汉"的称号。他的父亲说："安森，你是我见过的没有天赋却最自信的人了。"安森立刻回答道："老爸，我就当你是在夸奖我了。"多年后,安森说:"天赋是常见的,但是为开发天赋而投入的努力才是成功的关键。"

安森的很多仰慕者将他的成功归结于招到了出色的球员。"根本不是那么回事。"他告诉我:"有五六所学校在抢人上总是胜过我们,我们的成功得益于球员来到这里之后,我们为他们所做的一切,也就是我们的团队文化。"

安森说,文化建设必须不断地尝试才能完成。"我们会尽一切可能去尝试,如果行得通,我们就会保持下去。"

在得知了我所做的关于坚毅的研究之后,安森让每位队员都进行了坚毅力的测试,并确保每个人都知晓自己的分数。"老实说,我很震惊。除了一两道题以外,你的坚毅力测试基本上就是我想评估她们的方法。"现在,安森确保全队每年春天都做一次坚毅力测试,这样队员就会"对成功人士的关键品质有一个深入的理解"。安森补充道,每个队员都必须知道自己的分数,因为"坚毅力量表会引起他们的重视,暴露出他们的问题。"返回的队员要再次进行坚毅力测试,并且此后每年都要测试,这样每年他们都能将自己的坚毅力得分与过去进行对比。

安森还有另一个实验叫"哔声测试"(Beep Test),这项测试在每个赛季开始时进行。所有队员并列而站,肩并肩,随着教练一声哨响,他们快速跑向 20 米远的终点线,然后又立即折头跑回起点。他们一个跟着一个,在哔声的节奏指挥下变得越来越快。几分钟后,队员们进入了全速冲刺,但哔声变得越来越快。这时,他们会一个接一个地退下阵来，累得四肢着地瘫在那里。每个人跑出的总长度，跟每次训练和比赛一样，被完整、及时地记录下来并立即贴在更衣室的柜门上，让每个人都能看到。

哔声测试最早是由加拿大的运动生理学家设计的，原本是为了测试最大载氧量，但是，测试身体机能只是安森喜欢它的原因之一。正如哈佛大学疲劳实验室的研究员在1940年设计了跑步机实验，通过测试生理上的疼痛来测试人们的毅力一样，安森把哔声测试看成对一个人性格的双重考验。他说："在进行训练之前，我会给大家解释，如果你做得好，要么是由于你有自律能力，因为你整个夏天都在受训；要么就是你精神上足够强悍，能够承受大部分人无法忍耐的疼痛。最理想的结果是，这两者你都具备。"在第一次哔声测试开始之前，安森喊道："各位，这是一场对你们精神的测试，开跑吧！"

像杰米·戴蒙一样，安森也十分注重沟通。毕业于哲学和英语专业的安森很欣赏语言的力量："对我来说，语言就是一切。"

多年来，安森发展出了一套经过字斟句酌的12条核心价值，界定了作为北卡罗来纳大学足球队员应有的精神内涵。"如果你想创造一种伟大的团队文化，"他告诉我说，"你必须首先有一套人们信奉的核心价值。"他的核心价值，一半内容是关于团队合作的，另一半则是关于坚毅的品格。二者组合在一起，就是被安森和队员们称为"竞赛之熔炉"的团队文化。

但是，我指出很多组织的核心价值都被大家忽略了。安森表示同意:"当然了,在团队中,你要刻苦努力,这种说法是没什么激励性的,而且这样的说法太乏味了。"

约瑟夫·布罗茨基是俄罗斯的流亡诗人和诺贝尔文学奖获得者,安森从他的文章中得到了灵感。安森得知,布罗茨基曾要求他在哥伦比亚大学的研究生们每学期背诵几十首俄罗斯诗歌。很多学生都认为这一要求无理且过时,他们到他的办公室表达不满。布罗茨基说,他们可以做自己想做的,但是如果没有记住他要求背诵的诗句,就别想拿到博士学位。安森回忆说:"所以,学生们只能离开他的办公室,乖乖地回去学习了。"安森补充说,接下来发生的事情"简直就是脱胎换骨"。由于要背诵诗歌,布罗茨基的学生"与俄罗斯同感受,同生活,同呼吸",书上的文字都变得鲜活起来了。

对于这一段轶事,安森立即就意识到它与自己正努力实现的高层目标之间的相通之处。每当他读到、看到或在做什么事时,他都会问自己一个问题:"它怎样才能帮助我发展出我想要的文化呢?"

作为安森·道兰斯球队的球员,每年你得记住三条箴言,每一条都是安森用来传递其核心价值观的。"赛季前我会在全体队员面前测试你",他提醒队员们,"然后,每场联赛时还会再测试你。你不仅要背下这些箴言,还要理解它,行动上也要能够反映出来……"

到大四时,安森的所有队员都对其12条核心价值烂熟于心,第一个核心价值就是："我们不抱怨"，它取自剧作家萧伯纳的话："人生真正的欢愉是成为命运的力量，而不是做一个昏热自私、病态而委屈的草包，抱怨这个世界没有致力于给你带来快乐"。

———

"逐字背诵"是西点军校引以为傲的悠久传统。在一份被西点人称为"号角笔记"（Bugle Notes）的文件中，列出了西点一年级新生（也就是西点所称的"下士生"）必须背下来的一长串内容：歌曲、诗歌、准则、信条等。

但是，西点军校的现任校长罗伯特·卡斯兰中将率先提出，即便是学生用心地记下了这些内容，如果他们的行动与之不符，也不足以支撑起西点的文化。

就拿纪律的定义来说吧。该定义是西点军校早年的校长约翰·斯科菲尔德于1879年提出的，西点人对此都烂熟于心："得以让一个自由国度的士兵在战斗中可信可靠的纪律，并不是从苛刻或专横的待遇中得来的。相反，这样的待遇更有可能摧毁一支军队，而非建设一支军队。"

斯科菲尔德接着说："相同的命令在下达时可能激发忠诚、也可能播种怨恨，差别取决于重要的一点：尊重。"是指下级对长官的尊重吗？不是的，斯科菲尔德说："伟大的领导力始于长官对下级的尊重。"

通常，新生们背诵斯科菲尔德这些令人振奋的话语时，却正在被学长们大吼大叫。1971年,卡斯兰还是一个18岁的西点下士生,他背诵着斯科菲尔德的这些话,觉得有些讽刺。在那个时代,对学员进行欺辱性训练不仅是被容忍的,甚至还是被鼓励的。卡斯兰回忆说,当时的价值理念是:"能留下来的人才能成功——应对各种吼叫和辱骂,不仅是对身体上的挑战,更是心理上的挑战。

事实上,40年前,有170名西点学员在野兽营训练结束前退出。那时,退出的比例是12%,比十几年前我在西点研究坚毅时的退出率高一倍。去年,减员率降到了2%。

这种趋势变化的其中一个原因是,欺辱性训练被去除了。对大一学员实施身心压力训练曾在很长时期内被认为是训练未来军官的必要手段。依此逻辑,欺辱性训练的第二个好处就是:它可以筛除软弱的学员。通过施加压力,将无法坚持下去的学员驱逐出局,可以有效地去除队伍中的软弱者。过去几十年,一些曾被认可的欺辱性训练内容被逐渐去除。到了1990年,欺辱性训练被正式全面禁止。

对欺辱性训练的禁止可以解释为什么在20世纪后期,野兽营的减员人数下降了。但是,我们又如何理解过去十余年间减员人数的急剧下降呢?是因为西点在招生时就选择了更加坚毅的人吗?从我掌握的数据来看,肯定不是这样的。自从西点开始做坚毅力测试以来,新学员的坚毅平均分没有什么变化。

根据卡斯兰将军的说法,西点军校的退学者之所以减少,应归功于他们在校园文化上的刻意改变。"奉行存留者成功信念时,军校的文化必然是减员模式。"他解释道,"但还有另一种发展性模式,对学员所定的标准同样很高,但我们并不是利用恐惧的力量促使下属达到标准,而是领导者在前面引领学员达到标准。"

在战场上,在前面引领指的就是,将领冲在士兵前面,同样辛苦作战,面对同样致命的危险。在西点军校,引领意味着给予学员无条件的尊重,并且当他们没能达到西点军校超乎寻常的高标准时,也能够给予他们必要的支持。

卡斯兰解释说:"例如,在体能测试中,如果学员没有在两英里跑步测试中达标,而我是他们的领导,那么我要做的就是与他们坐下来一起制订一项训练计划。我要保证这个计划是合理可行的。我会在某天下午对他们说:'来吧,咱们去跑步吧。'然后,我会走到队伍前,带领他们达到标准。在大多数情况下,一些原本无法独自完成任务的学员,会突然之间有了动力;一旦他们开始有了一些进步,就会变得更加有动力,而当他们达到某些目标时,又会变得更有信心。之后,他们就学会了如何独立地完成任务。"

这让我想起西点军校的毕业生汤姆·德尔林曾说过,在成为空降兵的过程中,他所经历的训练要比在野兽营时残酷得多。在一次训练中,他攀爬在陡峭的岩石上进退不得,这个项目他之前已失败过一次,此时的他每块肌肉都在颤抖。"我不行了!"汤姆向站在高处的指导教官大喊。"我以为他会骂我说:'是啊,放弃吧,你这个废物!'但是,他居然说:'你可以的,快爬上来吧!'于是我做到了。我爬到了顶端，并且向自己发誓，以后我再也不说'我做不到'这样的话了。"

卡斯兰指出，西点军校在知识学习、体能训练以及军事化标准等各个方面的要求，都随着时间的沿革而变得更加严格了。他确信，军校现在培养出来的学生比以往任何时候都更好、更强，也更具领导力。"如果你想用大吼大叫的次数来衡量西点，恐怕就要失望了。今天，年青一代的学员已经不再接受大吼大叫的训练方式了。"

除了客观的表现标准之外，还有什么在过去的10年间，在西点是不曾改变的吗？有的，西点对礼貌和礼仪的要求依旧严格。西点如此重视这方面，以至在我参访西点期间，我会不停地查看手表以确保在每次会谈中都能提前几分钟到场。我还会不假思索地用"先生"或"女士"这样的尊称和每一位遇到的男士或女士打招呼。此外，学员在正式场合要求穿着的灰色正装制服也是没有改变的，这使得当今的西点学员得以成为从两个世纪前延续下来的"长长的灰色队列"中的一部分。最后，一些西点俚语在学员中代代相传，其中包括一些病语病句，比如他们把"第4年的学员"称作"firsties"，把"干净整洁的外表"叫作"spoony"，而"huah"则代表很多意思，从"我理解你"，到"同心协力"、"我同意"、"干得漂亮"等。

卡斯兰并没有幼稚地认为西点4年的发展性文化可以将学员在坚毅力量表中的得分从2分或者3分提升到5分。不过我得说明一下，那些在高中期间担任过校队运动员、班长和毕业生代表的学员，他们的坚毅力得分本来就不低。重要的是，卡斯兰看到了学员的变化和成长。他说："你永远不知道谁会成为下一个施瓦茨科普夫或麦克阿瑟。"

在我与皮特·卡罗尔讨论坚毅话题的两年之后，我坐上了前往西雅图的飞机。皮特曾说，他建立的海鹰队文化是美国国家橄榄球联盟（NFL）中最具坚毅力的文化。我想亲眼看看他们的表现。

那时，我已读过了皮特的自传《常胜》(*Win Forever*)，在书中，皮特分享了他如何在生活中发现激情和毅力的过程：

> 我个人认为，如果你给自己设立了一个愿景并能够坚持下去，那么生活中很多奇妙的事情将得以实现。我的经验是，一旦你设立了明确的愿景，那么真正使梦想成真的，是用自律和努力来维持自己的愿景。这两者是相辅相成的。
>
> 从你确定愿景的那一刻，你就已经启程了，但是只有对愿景坚持不懈地努力，你才能到达终点。
>
> 将这个道理教给运动员，是我终生的职责。

我还看过皮特在许多采访中谈论坚毅和文化。有一次，皮特在南加州大学一间大礼堂接受采访，南加州大学特洛伊人队曾在他的指导下取得了 9 年间 7 次打进决赛、6 次夺冠的佳绩。那一次，皮特是作为荣誉嘉宾被请回来的。访问者问皮特："您有什么新的想法？您学到了什么新东西吗？"皮特说，他发现了我关于坚毅的研究，这与他几十年的教练经验产生了很多共鸣。皮特说，他的教练团队通过无数"竞争性的机会和时刻，以及形象展示"来强化坚毅文化。"我们正在做的就是让队员变得更加坚毅。我们要教他们如何具备毅力，我们向他们示范，如何展现出更多的激情。"

接着，他举了一个例子。在训练时，海鹰队队员是为赢而练。无论是进攻队员还是防守队员，都会跟对手进行对抗，很有进攻性，就像打真正的比赛一样带有摧毁对方的强度。这种每周例行的训练，被称为"周三赛"，这种训练始于安森·道兰斯，皮特在摸索自己的执教方式时已将安森写的书吃透了。"如果你只想着谁会输谁会赢，那么你就没有抓住整体，实际上是你的对手成就了你。"皮特解释说，我们的对手给我们制造了无数的挑战，他们让我们成为最好的自己。

对海鹰队文化不熟的人很容易忽略这一点。"人们无法立即理解这一点。"皮特说，"他们不明白，但是假以时日，我们会让大家都理解的。"对皮特而言，这就意味着分享，毫无保留地分享他的想法、他的目标，以及他行动背后的原因。"如果我不进行解释，队员们就不会理解这一点。他们会想：'我是会赢呢？还是会输呢？'但是，当我分享到位的时候，他们就会理解竞争真正的含义。"

皮特承认，有些运动员能教给别人很多东西。比如海鹰队的游卫厄尔·托马斯，他是作为"最具竞争力和坚毅力的队员"来到皮特团队的。"他的训练强度犹如超人,且专注、好学。"而团队文化的魔力就在于,一个坚毅的人可以成为其他人的榜样。在日常训练中,厄尔"展现了他的全部优点"。如果说一个人的坚毅能够带动另外一些人,那么,慢慢地,你就会体会到社会科学家吉姆·弗林所说的社会"乘数效应"。在某种意义上,激励的效应就好比杰夫·贝佐斯小时候所做的无限自我反射镜一样,一个坚毅的人能让周围的人也变得坚毅,反过来,其他人的坚毅又会使这个人变得更加坚毅。

那么,厄尔·托马斯又是如何评价海鹰队的呢?"我的队友们从第一天起就推动我不断前进,他们帮我达到了更高的水平。你必须真诚地感谢那些刻苦训练、融入集体、永不满足、不断进步的队友。我们以谦卑的态度努力达到的高度,真的令人不可思议。"

在参观海鹰队的训练设施时,我的好奇心倍增。众所周知,连续打入决赛是极其困难的,海鹰队却一反常态地又一次打入了那年的超级碗决赛。前一年在庆祝夺冠的时候,西雅图的球迷在全城挂满蓝绿色的彩带,并且举办了西雅图历史上最大的游行活动。但2016年的失利与上一年形成了鲜明的对比,球迷们哀号遍野、涕泪横流,体育评论员将其称为"NFL史上最惨的比赛"。

让我们来回顾一下:比赛还剩26秒时,海鹰队持有球权,并且离触地赢得比赛的得分点只有一码①的距离。所有人都认为皮特会用一次跑阵得分——这不仅是因为达阵区很近，还因为海鹰队有被称为"野兽模式"的玛休·林奇，他是全NFL最好的跑卫。

超乎意料的，是海鹰队的四分卫罗素·威尔逊把球传了出去，球却被截获了。最终，新英格兰爱国者把奖杯捧了回去。

2016年的超级碗比赛是我有生以来从头到尾观看的第三场比赛，因此，对于用传球代替跑阵是否是教练的错误，我无法提供专业的意见。我觉得更有意思的是皮特和全队人对我西雅图之行的反应。

皮特的偶像，篮球教练约翰·伍登喜欢说："成功远非结束，失败亦非绝境，勇气才是关键。"我想知道，如何能让坚毅的文化不仅在成功之后，而且在失败之后也能继续下去；我想知道，皮特和海鹰队是如何找到继续坚持的勇气的。

———

现在来看，我的到访有种"刚刚好"的感觉。

首先是在皮特的办公室，我们进行了第一场会面——这是一间角落里的不起眼的办公室，不大，装修也不豪华，门一直都是敞开着的，播放的摇滚乐响彻楼道。"安杰拉。"皮特身体前倾问道，"我能帮你做点儿什么呢？"

---

① 1码≈0.91米。—编者注

我向他说明了来意：今天，我是以人类学家的身份来这里考察海鹰队的文化。如果我有一顶人类学家的遮沿帽的话，我一定会给自己戴上的。

这显然让皮特很高兴了。他告诉我，海鹰队的文化不是一件事，而是上百万件事，是上百万的内容与细节，它有实质的内涵，也有独特的风格。

经过与海鹰队一天的相处，我不得不承认，这儿确实有数不清的小事，每件都是可实行的，但它们也都很容易被弄混、忘记或忽略。当然，尽管有数不清的细节，但这些小事却有着共同的主题。

最明显的就是语言了。有一次，皮特的一个教练说："我能说流利的卡罗尔语。"卡罗尔语也就是海鹰队语："时刻保持竞争状态。要么竞争，要么什么都别做。与一切事物竞争。你每分每秒都是海鹰人。收尾强有力。积极的自我对话。团队至上。"

在我和队员们相处的这一天中，我无数次从球员、教练或教工口中听到他们热忱地说这些"格言"，而且都是一字不变。皮特最喜欢说的话之一就是"禁用同义词"。为什么呢？"因为如果你想要让交流有效率，那就要做到用语清晰。"

每一个队员都会在自己的语言中加入卡罗尔语，虽然没有人能像这位63岁的首席教练一样给人以充满能量的、直击内心的力量，但海鹰家族的其他人（他们是这样称呼自己的）也都不遗余力地让我充分理解这些格言的意义。

有人告诉我,"竞争"其实并不是指要赢过别人,竞争的意义在于追求卓越。"'竞争'这个词是从拉丁语中来的。"迈克·吉维斯向我解释道。迈克曾是一位出色的冲浪运动员,后来做了运动心理学家,现在是皮特文化建设的搭档,"从字面上说,它指的是共同奋斗,这个词原本并没有要让别人输的意思。"

迈克告诉我,有两个重要的因素能使团队和个人变得更优秀:"深刻而充分的支持,以及使人进步的不间断的挑战。"当他这样说的时候,我的脑中灵光一现——在心理上,父母对孩子既表达支持又提出要求是很明智的,这样也会鼓励孩子效法他们的父母。这和一方面提供支持,另一方面严格要求的领导模式是一致的。

我开始明白了。对这支专业的橄榄球队来说,它追求的不仅是打败对方,而且是要挑战自己现有的水平,这样,明天就能取得更多的进步。所以,海鹰队"时刻保持竞争状态"意味着,"全力以赴,不遗余力,做到最好"。

在会谈结束后,一位助理教练在走廊里叫住了我,"我不知道有没有人跟您说过'收尾'的含义?"

收尾?

"我们坚信,收尾要有力。"之后他给我举了一个例子:海鹰队在比赛快结束时往往很强势,直到比赛结束前的最后一秒仍在倾心奋战。海鹰队这个赛季的收尾非常有力。在每场练习赛中,它的收尾都很有力。我问他:"为什么只是收尾要有力呢?难道不应该是一开始就铆足了劲儿吗？"

"是的。"教练说，"但是开始时的冲劲是很容易获得的。对海鹰队来说，'收尾'并不意味着'结束'。"

是的。"收尾有力"指的是一直专注在某件事上，并且每时每刻都要做到最好，从一开始到结束时都是如此。

很快，我意识到不只是皮特在布道。从某种程度上讲，在与海鹰队 20 多位助理教练的会面中，基本上整个房间里的人都在吟唱他们的信条："不哀号，不抱怨，不找借口。"我仿佛置身于一个男中音的合唱团之中。在这之前，他们"唱"了："永远保护团队。"之后会"唱"："做到提前。"

做到提前？我告诉他们，在读了皮特的书之后，我将"做到提前"作为座右铭。迄今为止，我还没有在任何事上做到提前。这引发了一阵笑声。显然，我并不是唯一一个在此事上挣扎的人。重要的是，我的坦白引发了关于为什么提前很重要的阐述："这关乎尊重，关乎细节，关乎卓越。"好吧，我明白了。

中午，我给队员们做了一节关于坚毅的演讲。

当大家都去吃午饭时，有一个海鹰人叫住了我，问我他应该拿他的弟弟怎么办。他说他的弟弟是一个很聪明的孩子，但是近来成绩开始下滑。为了激励弟弟，他买了一台全新的 Xbox 游戏机放在弟弟的房间里，并且还未拆封。他和弟弟说好了，如果弟弟的学习成绩提高到 A，他就可以把游戏机拆开玩。起初，这个计划很奏效，但是不久，他弟弟的成绩就又开始下滑了。"我该给他游戏机吗？"他问我。

在我做出回答之前，另一个队员说："伙计，他可能没有拿A的能力。"

我摇摇头，"你刚刚说你弟弟很聪明，他是可以拿到A的，他之前就拿到过。"

他肯定地说："他是个聪明的孩子，相信我，他确实很聪明。"

当我还在想着该怎么回答的时候，皮特兴奋地抢先说："首先，你绝对不能把游戏机给你弟弟。你已经让他有动力了，这是一个很好的开始。现在，你知道该怎么做吗？他需要一些指导！他需要有人告诉他怎么做，指导他怎样拿到A！他需要有一个计划！他需要你帮助他搞清楚下一步要怎么走。"

这让我想起刚见到皮特时他跟我说的一段话："每次我在做决定或者思考该给队员们说点儿什么的时候，我都会想：'我是如何对待自己孩子的呢？'我是一个好爸爸。从某种程度上讲，这也是我的执教风格。"

这一天接近尾声时，我在大堂等出租车，皮特陪着我，确保一切顺利。我突然意识到还没有直接问过他，在经历了那一场"最惨重的失败"之后，他和海鹰队是如何重拾勇气的。赛后，皮特对《体育画报》的记者说，那不是最糟的决定，只是"最坏的结果"。他解释说，就像每一个负面经历以及正面经历一样，"它成为你的一部分，我不会去忽略它，我会去面对它。当它泛上心头的时候，我会认真思考并接纳它，并且善用它，用好它"！

离开之前，我转过身，看到离我们20英尺高的地方，是高达一英尺的浮雕大字："品格（character）"。我手上拿着一袋蓝绿相间的海鹰队纪念品，包括一把蓝色的塑胶手环，上面印着绿色的字母"LOB"："情如兄弟"（Love Our Brothers）。

坚毅的力量

这本书介绍的是"坚毅"这一品质所蕴含的力量，它能帮助你实现自己的潜能。我写这本书是因为，我们在人生马拉松中所能取得的成绩，很大程度上取决于我们是否足够"坚毅"，也就是实现长期目标所具备的激情与毅力，但对天赋的迷信却往往让我们无法看到这一简单的道理。

你不妨将这本书看成与我一起喝咖啡聊天时，我与你分享的一些心得。

书写到这儿已接近尾声了，让我用最后的一些想法作为本书的结语。

首先，坚毅的品格是可以培养的。

具体来说，有两种方式：就个人而言，你可以"由内而外"地培养的坚毅力：你可以培养兴趣爱好，可以养成每天做挑战自我的刻意练习的习惯，你可以将工作与超越自我的目标联系在一起，还可以学会在挫败时依然怀抱希望。

你也可以"由外而内"地培养坚毅力。你的父母、教练、老师、老板、导师及朋友都可以帮助你养成坚毅的品格，在这个方面，周围的人对我们的影响是很重要的。

我的第二点想法是关于幸福的。无论你如何衡量成功——不管是赢得了全美拼字比赛，还是考取了西点军校，抑或是带领团队获得了年度销售冠军，成功都不会是你唯一关心的事。显然，你也希望自己幸福。尽管幸福与成功是相关的，但它们并不是同一件事。

你也许想知道：如果我能变得更加坚毅而且更加成功，我的幸福感是否反而会下降？

几年前，我试图通过一项对2 000名美国成年人的调查来回答这个问题。下面的图表显示的是坚毅与生活满意度之间的关系，量表按7~35分进行计算，包括这样一些问题："如果人生可以重来，我几乎不会做任何改变。"在这项研究中，我对兴奋等积极情绪以及羞愧等消极情绪进行了量化研究。我发现，一个人越坚毅，他拥有健康情绪的可能性就越大。而且，即使在坚毅力量的顶部，坚毅也总是与幸福形影不离。

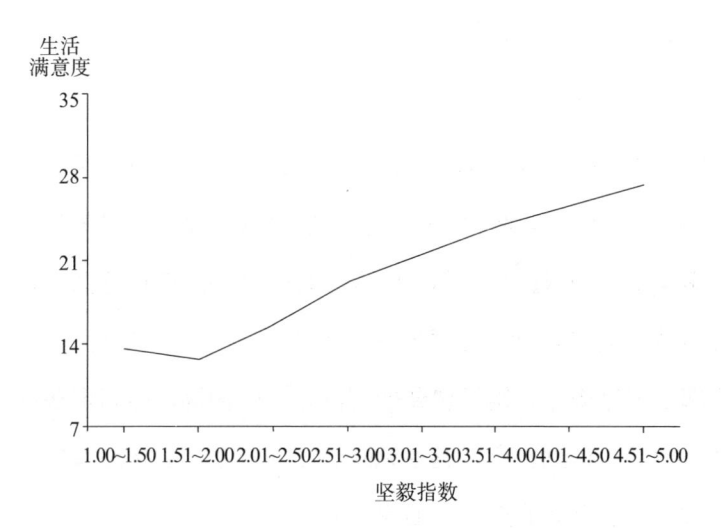

```
生活
满意度
  35
  28
  21
  14
   7
     1.00~1.50 1.51~2.00 2.01~2.50 2.51~3.00 3.01~3.50 3.51~4.00 4.01~4.50 4.51~5.00
                              坚毅指数
```

当我们将这一研究成果发表出来时，报告是这样结尾的："那些最坚毅的人，他们的配偶和孩子会不会也更加幸福？他们的同事和雇员呢？关于坚毅可能带来的负面影响，尚需进一步的研究。"

对于这些问题，我还没有答案。但是，我觉得这些问题都很值得探讨。在采访坚毅典范的时候，他们告诉我，当他们充满激情地工作时，他们兴奋不已。我不知道他们的家人对此是否也有同感。

我不知道，为实现一个有重要意义的顶层目标而不懈努力，是否会以一些我尚未测量过的因素为代价。

我就此问过我的女儿阿曼达和露茜，在一个坚毅的母亲身边长大是一种怎样的感受。她们见证了我尝试去做自己从未做过的事（比如写一本书），也见过我在写不下去时流下的眼泪，她们还目睹了我在砍去那些可做而又不易做的任务时，是多么饱受折磨。晚餐时，女儿问我："我们真的要一直谈论'刻意练习'吗？为什么所有的事最后都要落到你的研究上？"

阿曼达和露茜希望我能放松一些，多谈谈诸如歌星泰勒·斯威夫特之类的人和事，但她们也希望自己的妈妈是一个"坚毅典范"。

事实上，阿曼达和露茜正朝着和我一样的方向在努力，她们已经开始体会到做重要的事情时带来的满足感——为自己，为他人，而且即使困难重重，她们也要把它做好。她们渴望能有更多这样的挑战。她们认识到，自我满足感固然让人舒服，但是没有什么能与充分实现自己潜能的充实感相提并论。

———

还有一个问题是我在研究中尚未回答的："你是否有可能过分坚毅？"

亚里士多德曾说过，好事太多（或太少）就会变为坏事。例如，勇气太少便是懦弱，太多又变成莽撞。同理，你也可能太过善良，过度慷慨，过分坦率，过于自制。心理学家亚当·格兰特和巴里·施瓦茨重新审视了这一观点，他们认为可以用一个倒"U"字形来描绘任何特质的好处，其最佳状态出现在两极的中间。

迄今为止，对于坚毅，我尚未找到一些性格特质（比如外向性格）所呈现的倒"U"形。不管怎样，任何选择都有利弊权衡，我意识到这也适用于坚毅。不难设想在一些情形下，放弃是当时最好的选择。当你卡在一个想法、一项运动、一份工作或者一段亲密关系上时，所耗费的时间远远超过应花费的时间。

就我的个人经验而言，放弃学钢琴就不失为一个明智的决定，因为很显然，我对钢琴既无兴趣，也没有明显的天赋。事实上，我应该更早一些放弃的，这样钢琴老师就不用听我即兴弹奏那些我没练过的曲子了。我还曾打算将法语学到流利的程度，后来觉得放弃这个目标也是个不错的主意。在钢琴和法语上节省的时间让我有更充裕的时间去追求其他让我更有成就感的事情。

所以，毫无例外地坚持完成所有你开始做的事情，可能会让你错失其他更好的机会。比较理想的情况是，即使你未能坚持某项活动，转而选择其他低层次的目标，你仍然坚持着你的终极目标。

我并不担心坚毅这个概念会变得太过流行，原因之一是这样一种品质在当下的现实中是非常匮乏的。你有多少次下班回家后会对你的伴侣说："天啊，办公室的每个人都太过坚毅了！他们为了实现目标坚持得太久了！他们太拼了！我真希望他们对工作不要那么热忱！"

最近，我请300多名美国成年人做了"坚毅力量表"，并且让他们与我分享了自己在收到结果后的感受。很多人说他们对自己的分数还算满意，有些人则希望自己更加坚毅。但是，在整个样本中，没有一个人在经过反思后，希望自己少具备一些坚毅的品质。

我确信，提升坚毅力会让大多数人生活得更好。也许会有一些例外，有些人已经坚毅到极点，不需要更加坚毅了，但这样的人毕竟是凤毛麟角。

————

经常有人问我，为什么我觉得坚毅是唯一重要的品质。事实上，我并不这样认为。

我可以告诉你，在我的孩子成长的过程中，坚毅并不是我希望她们拥有的唯一的优秀品质。我是否希望她们无论做什么都能成功？当然是的。但是，成功和善良之间并不能画等号，如果非要我从两者中做出选择，我会把善良放在第一位。

作为一名心理学家，我能肯定地说，坚毅远非人的唯一一项甚至不是最重要的品质。事实上，在有关"人们如何评价他人"的研究中，人们对道德的重视，胜过其他一切品质。比如，如果我们的邻居不太勤快，我们就只会注意到这一点；但如果他们缺乏诚实、正直和可靠这样的品质，我们就会感到深受冒犯。

所以，坚毅并非一切。要想获得成长和幸福，一个人还需要很多其他的良好品质。人的性格是由很多方面组成的。

思考坚毅的一种方式，是理解它与其他品格之间的关系。在评估坚毅与其他美德时，我发现了三个可靠的集群，我把它们称为品格中的内控、人际和智慧三个维度。你也可以称它们为意、心、脑的力量。

内控品格包括坚毅。这个美德集群还包括自控力，特别是它与抵制短信、电子游戏等各种诱惑相关。这意味着坚毅的人往往能够更好地进行自我控制；反过来，自控力强的人也更加坚毅。这类品格能够使人达成重要的个人目标，被统称为"表现性品格"（performance character）或者"自我管理技能"（self-management skills）。社会评论员兼记者戴维·布鲁克斯将其称为"简历美德"（resume virtues），因为正是这类品格使我们更容易被聘用并且能一直受雇在职。

人际品格包括感恩、社会性智力以及对愤怒等情绪的自我控制能力。这些品质让你能够与他人相处，并且为他人提供帮助。有时，这些品质被称为"道德品质"（moral character）。戴维·布鲁克斯喜欢将其称为"悼词美德"（eulogy virtues）。因为，这些品质更能让他人记住我们。当我们钦佩地说某个人是个"大好人"时，我觉得我们想到的是此人这方面的优秀品质。

智慧品格包括对事物保持好奇心及强烈的兴趣等，这些品格能够激励人以主动和开放的状态与世界互动。

我的纵向研究表明，这三种品质集群预测的结果也有所不同。对学业成绩，包括优异的成绩单来说，包含坚毅力在内的内控品格集群是最好的预测指标。但是对积极的社会功能来说，比如你能拥有多少朋友，人际交往品格的重要性就会凸显出来。而对于获得积极、独立的学习态度而言，智力品格则是最具预测性的。

最后，品格是多元的，没有任何一种品格使唯一重要的。

我常被问及的另一个问题是：培养坚毅的品质是否会因为给孩子设定的目标过高而适得其反。"当心啊，达克沃思博士，别让孩子们觉得自己长大后都能成为博尔特、莫扎特，或爱因斯坦。"

如果我们成不了爱因斯坦，那么学习物理还有意义吗？如果我们成不了博尔特，我们还有必要去晨跑吗？比昨天跑得更快一点儿、更远一点儿，还有意义吗？在我眼里，这些问题都是很荒谬的。如果女儿对我说："妈妈，我今天不想再练钢琴了，因为我永远也成不了莫扎特。"我会回答："你弹钢琴又不是为了成为莫扎特。"

所有人都有局限——不仅是天分，还有机遇。但是，我们的限制通常都是我们加诸自身的。例如，我们去尝试，然后失败了，于是就认为自己已经到达了上限。或者，我们刚走几步就改变了方向。不论是哪种情形，我们都走得不够远。

坚毅是一步接一步地走下去；坚毅是牢牢地抓住自己感兴趣又有意义的目标不放；坚毅是日复一日、年复一年地投入具有挑战性的练习之中；坚毅是摔倒了 7 次，第 8 次再站起来。

近日，一位记者采访了我。在他收拾起笔记本时，他说："显然，你可以滔滔不绝地说上一整天，你真的是很爱这个主题。"

"噢，天呐！还有什么比研究成功的心理学更有趣的吗？还有比它更重要的事吗？"

他笑着说："我也特别热爱我的工作。让我惊讶的是，我认识的人中有不少已进入不惑之年，他们却仍未全情投入过任何事，他们不知道自己的生活中缺失了什么。"

———————

最后一点想法。

今年早些时候，麦克阿瑟天才奖宣布了最新的评选结果。其中一位获奖者是记者塔那西斯·科茨，他的第二本书《在世界与我之间》（Between the World and Me）是一本评价很高的畅销书。

8年前，科茨失业了。刚刚被《时代杂志》裁员的他，只能仓促落魄地接一些自由撰稿的工作。那是一段很艰难的时期，他觉得自己是因为压力过大而长胖了30磅。"我很清楚自己想成为怎样的作家，可我的梦想没有成真。我撞到了南墙，没有任何结果。"

当时，他的妻子给了他很多支持。但是，他们的儿子还小，有很多实际的困难摆在他们面前。"我一度考虑去开出租车。"

之后，他终于重新站了起来，在突破"超常的压力"完成了创作后，他的事业之路节节攀升。"写作变得非常地不同，我笔下的句子变得更加有力量了。"

在麦克阿瑟天才奖的网站上，有一段科茨三分钟的视频，科茨首先谈及的是："失败或许是所有工作中最重要的因素。写作即失败。一次又一次的失败。"接着，他解释道，当他还是个孩子的时候,他总是对事物充满了好奇心。在巴尔的摩长大的他,尤其关注人身安全的问题,以及缺乏安全的情况,他的关注至今仍未消失。他说,新闻工作让他能够一直就他感兴趣的问题发问。

在视频的最后,科茨分享了关于写书的感受,这是我所听到的对写作最好的描述。为了让你也能身临其境地感受到他演讲的语调和韵律,我把我所听到的写在这里——它就像诗一样:

> 写作的挑战,
> 在于正视自己写作的糟糕,
> 正视自己的差劲,
> 并带着这种感觉入睡。
> 次日醒来,
> 将那些糟糕和差劲的东西,
> 进行修改,
> 让它不再那么糟糕和差劲。
> 然后,你又一次入睡。
> 第三天,
> 做更多的改进,
> 让它变得还行。
> 然后又再次入睡。
> 起来后再次修改,
> 它成了中等作品。

然后再来一遍。
如果你幸运的话，
你或许能写出不错的作品。
如果你做到了这些，
成功便属于你。

你或许会认为科茨特别谦虚。他的确如此，但是，他也特别坚毅。在我见过的麦克阿瑟天才奖得主、诺贝尔奖得主和奥林匹克冠军中，没有一个人说自己的成就是通过坚毅之外的其他途径获得的。

"你不是天才。"在我还是一个小女孩的时候，我父亲常常这么说。现在，我意识到，当他这样说我时，他也是在跟自己对话。

如果你将"天才"定义为不费力气就能获得巨大成功的人，那么，我父亲是对的：我不是天才，他也不是。

但是，如果你把"天才"定义为朝着目标坚持不懈、竭尽全力的人，那么，我的父亲就是一位天才，我也是，科茨也是。而且，如果你愿意，你也能成为一位天才。

致谢

每当我初次拿起一本书时,我总是会立刻翻到致谢页。像许多读者一样,我渴望看到幕后轶事,我想了解那些做出贡献的幕后工作人员。写作本书,加深了我对团队努力的感激之情。如果你喜欢这本书,那么这份功劳应该由我在此提到的人共同分享。现在,应该让这本书众多的支持者走到台前的聚光灯下,享受当之无愧的掌声。如果我遗漏了任何人,请接受我的道歉,因为任何疏忽都是无意的。

首先,我要感谢我的合作者。我以第一人称"我"写的这本书,事实上,作为一个研究者或写作者,几乎我做的所有工作都是由"我们"来完成的。那些"我们"——尤其是我发表的论文的合著者们,他们的贡献理应被记住。在此,我还要代表他们向我们的研究团队表示衷心的感谢,是团队成员的共同努力才使关于坚毅的研究取得了现在的进展。

至于这本书本身,有三个人我要特别加以感谢:首先,我永远感谢我的编辑瑞克·霍根，他将我的写作和思考的水平提高到了我原以为达不到的程度。如果幸运的话，希望能和他再次一起合作。马克斯·纳斯特瑞克是我的日常编辑和研究助理。简单地说，如果没有马克斯，这本书今天不会在读者的手中。最后，我要向我的贵人和经纪人理查德·潘安致谢。理查德是最初动员我写这本书的人，也是最后使这本书的出版成为现实的人。8年前，理查德给我写了一封电子邮件，问我："有人告诉过你，你应该写一本书吗？"我推辞了写书的提议，理查德一直在坚持不懈地问我这件事，但他从没给过我压力，直到我准备好了。谢谢你，理查德，谢谢你为我所做的一切。

下述学者热心地帮我审阅了本书的初稿，与我讨论了他们的相关工作。当然，如果书中出现了任何错误，那都是我的责任。他们是：芭芭拉·米勒斯、埃琳娜·波德洛娃、米哈里·契克森米哈赖、丹·查布里斯、让·科特、西德尼·德梅罗、比尔·戴蒙、南希·达令、卡罗尔·德威克、鲍勃·艾森伯格、安德斯·埃里克森、劳伦·温克勒、罗纳德·弗格森、杰姆斯·弗林、布兰恩·戈拉、马古·加德纳、亚当·格兰特、杰姆斯·格罗斯、缇姆·哈顿、杰里·卡根、斯科特·巴里·考夫曼、丹尼斯·凯利、艾米莉亚·拉提、里德·拉森、卢克·列格、黛博拉·梁、苏珊·马凯、史提夫·迈尔、迈克·马修、达伦·迈克马洪、卡尔·纽波特、加波里拉·奥汀根、黛恩·帕克、帕特·奎恩、安·任宁格、布伦特·罗伯茨、托德·罗杰斯、杰姆斯·朗德斯、巴里·施瓦茨、马丁·塞利格曼、保罗·西尔维亚、拉里·斯坦伯格、菲尔·泰特拉克、蔡佳蓉、艾利·鹤川、埃利奥特·塔克罗伯、乔治·威兰特、雷切尔·怀特、沃伦·威灵汉姆、艾米·瑞斯尼斯基，以及戴维·耶格尔。

　　下列这些人士愿意为本书分享他们的故事，我对此感到惊喜，并深深地为之感动。即使有些细节我没能囊括在本书中，但他们的观点确实加深了我对坚毅及其发展过程的理解。他们是：赫玛拉沙·安纳马莱、凯文·阿斯玛尼、迈克尔·贝米、乔·巴什、马克·本纳特、杰夫·贝佐斯、朱丽叶·布莱克、杰弗里·加拿大、皮特·卡罗尔、罗伯特·卡斯林、乌尔里克·克里斯坦森、凯瑞·克劳斯、罗先纳·考迪、凯特·科尔、科迪·科尔曼、达林·戴维斯、乔·德瑟纳、汤姆·德尔林、杰米·戴蒙、安森·道兰斯、欧若拉·丰特、弗朗哥·丰特、比尔·菲茨西蒙斯、罗迪·盖恩斯、安东尼奥·加洛尼、布鲁斯·格梅尔、杰夫瑞·盖特曼、简·戈登、坦普·格兰丁、迈克·霍普金斯、朗达·休斯、迈克尔·乔伊纳、景山·诺亚、佩姬·金布尔、莎拉·考山尼克、海丝特·莱西、艾米莉亚·拉提、特里·劳克林、乔·里德、迈克尔·罗马克思、戴维·梁、托比·卢特克、华伦·麦肯齐、威利·迈克纽兰、鲍勃·曼考夫、亚历克斯·马丁内兹、弗朗西斯卡·马丁内兹、蒂娜·马丁内兹、达夫·麦克唐纳、比尔·迈克纳布、伯尼·诺亚、维兰瑞·瑞福德、迈兹·拉斯穆森、安东尼·希尔顿、威尔·肖特茨、尚特尔·史密斯、阿尔·柴斯戴尔、马克·韦特里、克里斯·文克、坚毅·杨、雪莉·杨、史蒂夫·杨、山姆·泽尔以及张凯。

许多朋友和家人帮我完善了早期的书稿，为我提出宝贵的意见。我要感谢史提夫·阿诺德、本·马尔康姆森、艾瑞卡·德万、佛罗斯·德万、乔·达克沃思、乔丹·艾琳伯格、伊拉·汉德勒、唐纳德·卡门兹、安内特·李、苏珊·李、戴夫·莱文、弗里希娅·莱维斯、阿丽莎·麦特丝、戴维·麦肯顿、伊万·纳斯特莱克、瑞克·尼古拉斯、丽贝卡·尼科斯特、塔尼亚·休莱姆、罗伯特·西法丝、内奥米·沙文、保罗·所门、丹尼·沙斯维克、沙朗·帕克、多米尼克·兰多夫、理查德·希尔、保罗·特尼、保罗·塔夫、艾米·维克斯，以及瑞克·威尔森。

这本书中的图表是由史蒂芬·弗犹制作的。史蒂芬是数据可视化领域世界级的专家，他不仅慷慨而且很有耐心。

我非常感谢西蒙和舒斯特（Simon & Schuster）公司那么多优秀人才的不懈支持。写这本书唯一困难的事就是写作本身，其他的一切都被这些非凡的人举重若轻地做好了。我特别要感谢南·格拉汉姆，她的乐观、精力充沛，以及她对作者真诚的情谊无人可比。凯蒂·莫纳汉和布莱恩·贝尔费格里奥精心策划了一个世界级的宣传活动，确保这本书最终会来到你的手中。我要感谢卡拉·本顿和她的团队对本书的贡献。戴维·兰姆博，你非常专业，你对卓越的追求，使这本书大为不同。而且，对这本书优美的封面设计，我要感谢加娅·米斯利。

我要向印克威尔管理公司（InkWell Management）世界一

流的团队致谢,包括伊丽莎白·罗丝斯坦、林德西·布莱斯,以及阿历西斯·赫利。对这本书,你们以高度的专业精神,贡献颇多,结果完美。

就像本书中提到的那些坚毅典范一样,我也受益于那些对学生特别支持并提出高要求的老师。马修·卡尔教给我了对写作的技能和热爱。凯·莫萨斯在很多关键的时刻提醒我,每个人都是自己生命故事的作者。马丁·塞利格曼教导我,正确的问题至少与正确的答案同样重要。已故的克里斯·彼得森向我展示了,一个真正的教师是如何把学生放在第一位的。西格尔·巴斯德向我示范了把学生放在第一位意味着什么,以及如何当好一个教授。沃尔特·米西尔向我展示了,科学达到顶峰就是一门艺术。杰姆·海克曼则告诉我,真正的好奇心是坚毅的最佳伴侣。

我深深地感谢那些支持我研究的机构和个人,包括美国国家老龄化研究所、比尔与梅琳达·盖茨基金会、罗伯特·伍德·强生基金会、知识就是力量基金会、约翰·邓普顿基金会、斯潘瑟基金会、罗恩·潘恩基金会、沃尔特家族基金会、理查德·金·梅隆家族基金会、宾夕法尼亚大学研究基金会、ACCO品牌、密歇根退休研究中心、宾夕法尼亚大学、梅尔文和卡罗琳·米勒、阿瑞尔·科尔,以及艾米·阿布莱姆斯。

我要特别感谢品格实验室(Character Lab)的理事会和工作人员,因为他们代表了我过去所做的、现在所做的,并且也是我将来要做的事。

最后，谢谢你们，我的家人。阿曼达和露西，你们的耐心、幽默和故事使这本书成为可能。我的父亲和母亲，你们为自己的孩子放弃了一切，我们爱你们。杰森，你每天都让我成为一个更好的人——这本书是献给你的。

GRIT
译者后记

成功者的核心素养

为什么有些人是"人生赢家",而有些人却把自己的生活过得一塌糊涂?

为什么有些人似乎做什么什么成,而有些人却干什么什么不成?

为什么有些聪明伶俐的孩子长大后"泯然众人矣",而有些看似资质平平的孩子长大后却很有出息?

如果我们对成功的定义不是获得金钱和名利,而是活出生命的精彩、实现自身的潜力并为世界做出贡献,那应该说,我们都希望自己成功,也都希望自己的孩子、学生、团队和客户能成功。

成功与不成功的人之间有什么区别?或者更广义地说,是哪些关键的因素导致了人与人之间的差异?从 19 世纪开始,教育与心理学家们最先讨论的是先天还是后天的问题,进入 20 世纪 90 年代,全世界讨论的热门话题是,智商还是情商对人的成功更重要。

现在进入了 21 世纪，安杰拉·达克沃斯又为心理学的研究和实践提供了一个新的视角：坚毅。她引用大量定性和定量研究告诉世人，一个人的成功与失败，与是否具备坚毅的品质高度相关。因此可以说，安杰拉所做的关于坚毅力的研究，不仅仅是向人们介绍了一种品格或能力，更是为人类对成功乃至个体差异的理解，开辟了一个新的思路。

关于天赋、技能、努力与成就之间令人迷惑的关系，安杰拉在本书中的阐释是我所看到的最全面清晰的论述之一。天赋固然有影响，但技能和成就都是通过不懈的努力在后天获得的，因此，她一再提醒人们不要陷入对天赋的迷信。有人可能会说，这算什么新说法，咱中国人从老祖宗开始就强调努力的重要性，别的不说，光是在成语和俗语中，"凿壁偷光"、"头悬梁锥刺股"、"只要功夫深铁杵磨成针"之类的说法就比比皆是。但中国人真的比其他国家的人更重视努力吗？若仔细观察，你会发现，很多人实际上还是更看重天赋而不是努力。比如家长和老师们都会不自觉地夸奖孩子"聪明"，孩子们最喜欢炫耀的则是："我一学期都在玩，只是考试前突击了几天，就考了高分。"很多孩子生怕别人说自己特别用功，因为这意味着自己是一只"笨鸟"。《坚毅》这本书不仅从理论上澄清了天赋论，并且通过讲述各个领域成功人士的故事，形象地说明努力不仅没有什么可羞愧的，而且是通往成功的必由之路。

有机会翻译安杰拉这本享誉全球的畅销书，是我的荣幸。安杰拉是我在宾夕法尼亚大学的师姐和老师。2006年，我在哈佛大学读心理学研究生期间，选修了泰勒·本·沙哈尔（Tel Ben-Shahar）的积极心理学课，也就是著名的"哈佛幸福课"，由此对积极心理学一见倾心。在结束哈佛的学习后，我到积极心理学的大本营宾夕法尼亚大学去专攻应用积极心理学。安杰拉当时给我们上心理统计课，还开了不少讲座介绍她正在做的关于坚毅力的研究，课后我还专门跟她讨论过她的坚毅力量表。

安杰拉虽然有一个西方人的名字，却长着一张端正美丽的东方面孔。她是第二代华裔，中文名叫李惠安，再加上丈夫的姓Duckworth，叫杜李惠安。安杰拉不大会讲中文，她说很后悔小时候没有听父母的话、把中文学好。安杰拉是2002年到宾大读博士的。在《持续的幸福》（Flourishing）一书中，塞利格曼教授详细讲述了安杰拉的故事：她别具一格的入学申请，她在入学后因心理学功底较薄而在学霸圈里略显另类，以及她如何以快速的学习能力、坚毅的品格以及丰富阅历锤炼出的智慧，迅速走到了国际学术界的前沿。我想，读过《持续的幸福》的读者应该都对那段描写印象深刻。

在此我要补充安杰拉另一个令我印象深刻的特点。我在宾大读研究生期间，心理学圈子里经常有各种聚会和活动，但很少见到安杰拉，只有在塞利格曼教授家里开派对的两次，她才跟丈夫带着两个女儿一起来参加。安杰拉为人随和开朗，但她不在一般的社交上耗费时间，不热衷于在各种活动上露脸或者在机构里占位，而是把时间省下来，尽量在每天晚上和周末陪伴自己的丈夫和孩子。现在，安杰拉不仅获得了麦克阿瑟天才奖、到白宫和TED大会做演讲、建立了自己的品格实验室、成为心理学和教育领域的明星学者，而且，她与丈夫相亲相爱，两个女儿也健康成长，可以说，安杰拉本人就是一个事业与家庭全面成功的典范啊！

我认为，安杰拉对坚毅的研究不仅有理论价值，而且对大众的实践有指导意义，因为她超越了教室和实验室，研究真实世界里成功的要素。

在学校教育中，学生最重要的技能就是会考试。在典型的考试场景中，我们坐在安静的教室里，有强烈的动机要做出最佳表现，我们面对的是被人严格设计好并清楚描述出来的问题；我们所要做的，就是根据给出的条件来解决一个具体的问题，得出一个标准的答案。

但在现实生活中，情况要模糊和复杂得多。首先，没有人把标准化的试题设计好放在你面前，你往往连问题是什么都不知道。你为什么不够成功？哪些问题是最重要的？你有什么资源？什么事情你没有做好？应该怎么做？……这些问题不仅没有标准答案，很多情况下，你甚至压根就不知道自己面对的是什么样的问题。此外，在现实生活里，我们面对的是一个开放的环境，你得有抗干扰的能力，才能让自己聚焦在核心目标上；你还需要能够适当地调动过去的知识和经验储备，来解决当下的问题；还要在没有他人督促的情况下，自己有努力的内在动力，并且能够不屈不挠地坚持……在我看来，真实生活中对成功能力的要求与在课堂上答题有很大的不同，这是为什么不是所有能考高分的学生在走上社会后都能成功的原因。《坚毅》这本书不仅介绍了学者们在实验室里所做的干预，还介绍了大量对自然状态下的人的调查分析，并介绍了很多在艺术、体育、写作、商业等领域出类拔萃者的人生经历，从各个角度揭示了成功所需要的素质。虽然作者说，关于如何培养坚毅力，现在学界所知尚不多，但在我看来，本书介绍的大量研究和案例，已经为我们提供了很多方法，对我研究儿童青少年的核心素养，以及成年人的个人成长，有很大的启发。

  感谢中信出版社给我翻译这本优秀著作的机会。中信出版社的编辑对我依照原书所做的翻译做了适当的删节和文字上的改动，以适应国内读者的阅读习惯。感谢本书的编辑刘倍辰女士在本书的翻译和出版过程中与我的友好合作，感谢作者安杰拉在我翻译此书的过程中所提供的协助，感谢家人对我工作一向的支持。2016年翻译这本书期间，恰好是我比较忙碌的一段时间，经常是白天讲课、编写课程或录制节目，晚上为翻译此书而挑灯夜战。因此，翻译《坚毅》这本书的过程，也让我对如何磨炼自己的坚毅力有了切身的体会。翻译书和自己写书一样，都是一种遗憾的艺术，无论付出了多少努力，回头再看，总有可以提升之处。由于时间和水平所限，本书的翻译一定会有不足之处，敬请各位读者不吝指教。

　　最后，祝福各位读者朋友都能够有自己热爱的事情，有人生策略，有坚毅力，都能够实现自己的目标，拥有成功幸福的人生！

安妮（Annie Liu）